TRAICTÉ
DES SIGNATVRES,
OV VRAYE ET VIVE
ANATOMIE DV GRAND
& petit monde.

TRAICTE

DES SIGNATVRES, OV
vraye Anatomie du grand
& petit monde.

La mienne volonté que les Botaniques de nostre temps, lesquels ignorans la forme interne des herbes, n'en recognoissent que la substance materielle, employassent aussi bien leur estude à la cognoissance de leurs signatures, qu'ils font pour l'ordinaire à la denomination d'icelles; sur quoy ils fondent vne infinité de vaines disputes, lesquelles ne sçauroient apporter aucun proffit à la republique de Medecine. Mais comme plusieurs (chose qui arriue en toute sorte d'arts) ayans laissé la moüelle, & noyau de la science (à la façon du vulgaire, lequel ne vise qu'à l'exterieur) ne se veulent occuper qu'autour de l'amertume de l'escorce, il arriue qu'il se treuue vne infinité de nomenclateurs herboristes, lesquels ne se messent d'autre chose que de descrire les lieux, noms, & escorces des plantes, disant que c'est là où est toute leur force, sans se prendre garde que le vray &

exacte

Le Lieu où Dieu demeure se recognoiſt par les ſignes: car toutes les creatures font voir que Dieu eſt la preſent par leurs proprietez.

exacte medecin ſe doit pluſtoſt arreſter à l'ŏbre & image de Dieu, qu'elles portent, ou à la vertu interne, laquelle leur a eſté donnée du ciel, comme par dot naturel, que non pas à ces baguenoderies; vertu, diſ-ie, laquelle ſe recognoiſt pluſtoſt par la ſignature, ou ſympathie analogique, & mutuelle des mébres du corps humain, à ces plantes-là, qu'en autre choſe que ce ſoit. Outre ce ie m'eſtonne grandement, qu'ils paſſent ſous ſilence la preuue qui ſe doit faire par l'induſtrie du feu, & couteau anatomique : car le nombre des vertus qu'ils attribuent à chaſque herbe (prinſes aux eſcrits de quelque autre, ſans qu'ils en ayent aucune preuüe) ſont pour la plus grande part fauſſes, erronées, & ſans aucun fondement : car il n'y a que l'experience maiſtreſſe de toutes choſes, laquelle puiſſe donner vn teſmoignage aſſez ſuffiſant pour ſatisfaire à l'attente des mede-

La multipliéité, & diuerſité des formes, ſont des ſignes aſſez capables pour donner la cognoiſſance du myſtere.

cins, & au contentement des malades, Nous n'auons pas icy beſoing de grandes raiſons, ſi l'experience mere de verité doit auoir quelque authorité chez nous. Doncques il eſt neceſſaire d'auoir les yeux plus clair-voyans, & l'eſprit plus ſubtil & releué, ſi nous voulons auoir l'entiere & parfaicte cognoiſſance des plantes ; la recherche deſquelles la nature a laiſſée aux amateurs & admirateurs des choſes naturelles. Et de faict il me ſemble qu'il ſeroit meilleur & plus honorable, que non pas ſans aucune ſcience de la vertu interne, les appeller de cent noms ſi l'on veut. Ce ne ſont pas les noms des herbes, mais les corps,

lesquels

lesquels doiuent estre examinés, affin d'auoir
asseurance de ce qui est purgatif, odoriferent,
& qu'est-ce qui pourra par exemple guerir les
playes ou les fiebures. C'est encor en vain de
s'arrester à la consideration des quatre qualitez, sçauoir à la chaleur, frigidité, humidité, &
seicheresse ; veu que cela n'est que l'ombre
des choses, de mesme que les couleurs, lesquelles n'ont racines ny puissance. Ce que iamais
ne sera nié par ceux qui vrays medecins recognoissent les vertus des simples, par le centre
de leur racine, & non par la superficie de l'escorce ; & qui laissant à part la nullité du nom
vont fouiller plus exactement la verité des
choses par vne profonde speculation, & re-
gardent parmy les secrets vestiges de la nature, les plus rares vertus qu'elles ayent receu
du Ciel. Ceux-là dis-ie recognoissent de plein
abord, au seul regard de la superficie des herbes, de quelles facultez elles sont doüées ; &
sçauent aussi bien quelle difference y a entre
l'escorce & le noyau, comme entre la maison
& l'inquilin (si toutesfois ils ne veulent donner le nom de la statuë aux pierres & au bois,
ou laissant le fermier faire la nibission auec la
logette.) En toutes les choses externes la maison est du moins le domicile des vertus internes infusés par la toute puissance, de mesme que le corps est celuy de l'ame. Il me semble que ce Philosophe marchoit fort asseuré,
lequel pour faire iugement de l'esprit & entendement d'vn homme, ne s'amusoit pas au
nom, ains à la parolle, comme vray caractere

Il ne se faut
pas arrester à
la considera-
tion de la qua-
lité des sim-
ples, ains à
leurs secrettes
vertus.

de l'homme, & de faict voyant vn iour vn ieu-
ne adolescent s'arrester deuant soy sans dire
mot. Il luy dict parle ô enfant, affin que ie te
cognoisse ; doncques les secrets mouuemens
de l'entendement sont manifestés par la voix;
de mesme ne semble-il pas que les herbes parlent au curieux medecin par leur signature,
luy descouurans par quelque ressemblance
leurs vertus interieures, cachées sous le voile
du silence de la nature ? aussi (si i'vse des parolles du docte B. Aporta) c'est vn moyen duquel la supréme bonté se sert souuent pour
manifester les diuins secrets cachés au plus
profond des entrailles des choses naturelles
lesquelles neantmoins semblent auoir quelque signature des idées diuines, aussi ne pou-
uoit-il (à mon iugement) treuuer vne voye
plus conuenable & admirable que celle-là : car
supposons que les plantes puissent parler d'elles mesmes, & dire les admirables & secrettes
vertus, desquelles la nature les a enrichies, as-
seurement elles ne seront pas entenduës de
tous, ny leurs facultés si bien manifestées que
par les escrits cogneus par tout le monde ; ou
il eust fallu necessairement que les plantes
fussent esté toutes en vne natió, ou bien qu'elles eussent parlé en toute sorte de langues :
c'est donc assez que la sage nature manifeste
subtilement son pouuoir par quelque sympathie & signature cogneuë de tout le monde.
N'est-il pas vray que toutes les herbes, plantes, arbres, & autres prouenans des entrailles
de la terre, sont tout autant de liures & signes
                                      magi

magiques, communiqués par l'infinie misericorde de Dieu. Ie ne veux pas dire toutesfois,
que ces signes seuls soient nostre medecine,
mais il me sera permis d'asseurer, que par la
faueur de ces signes-là, nous venons à la vraye
& parfaicte cognoissance de la medecine.
Donc, celuy qui desire estre expert medecin
(auec la theorie de son art) doit auoir la cognoissance de la signification interieure des
signatures, d'autant que tout ce qui est à l'interieur, porte la figure de son secret tant aux
creatures sensibles qu'aux insensibles, & des-
lors que nous sommes en silence, la nature
parle par quelques signes, s'il semble, & manifeste les mœurs & l'entendement d'vn cha-
cun, comme il est fort bien dict *in Adaman-
tia Polemoni*; ὁτι οντως μὲν ἐςὶν ἀποφαινεῖ καλεῖ
ἡ δε τοῖς σημείοις ἢ φύσις τοὺς τρόπους ἑκάςου ἀναδεί-
κνυσι· C'est à dire que le silence monstre en
quelque façon le iugement des personnes,
mais la nature parle quasi comme par signes,
& reuele les mœurs & affections d'vn chascun. Et tout ainsi comme nos mœurs & humeurs internes peuuent estre recogneuës par
les signes exterieurs du corps, de mesme façon aussi l'homme peut auerer les vertus internes des plantes par leurs signes ou signatures exterieures. La plante, par des parolles secrettes s'il semble, restaure les hómes & leur
faict offre de ses thresors cachez, affin qu'ils
puissent recognoistre le moyen pour subuenir
à leurs necessitez & maladies. Et cóme par les
signes externes nous venós à la cognoissance

A a a 4   de

de la maladie interne, de-mesme façon auſſi
les medicamens neceſſaires ſont recogneus
par la reſſemblance de l'anatomie, d'autant
que l'Aſtronomie & Philoſophie marchent en
parallele:mais la Magie donne la cognoiſſance des vertus internes,eſtant comme la regen-
te qui enſeigne la lumiere de la nature, & la
parfaicte ſcience de la Philoſophie naturelle.

La chyroma-
cie a eſté l'in-
uentrice de la
medecine, ſe-
lon le rapport
des doctes ca-
baliſtes.
Auſſi n'y a-il rien au monde qui puiſſe dauan-
tage accroiſtre la pieté & culte diuin, ny qui
nous puiſſe mieux exciter à l'amour de Dieu
que la vraye, & parfaicte cognoiſſance de
luy-meſme, laquelle nous auons ordinairement deuant nos yeux, par l'admirable

Le medecin
doit,à l'exem-
ple d'vne vier-
ge, regarder
ſeulement ce
qui eſt deuant
ſes pieds ſans
alābiquer ſon
eſprit, de ce
qui eſt au delà
de la mer,puis
qu'il ſuffit de
ce que ſa re-
gion a pro-
duict.
contemplation des œuures diuines ; contemplation, diſ-ie, enſeignée par la ſeule magie naturelle, fille du Ciel, inuentrice des
arts, & ſecrets (laquelle par l'eſcorce exterieure nous donne la vraye cognoiſſance
du noyau, c'eſt à dire de la pure ſubſtance
de la choſe) magie encor laquelle nous ſe-
mond tous les iours à chanter? ô Dieu tout-
puiſſant Createur de tout le monde, les
cieux & la terre ſont pleins de la majeſté de

Trop de fami-
liarité engen-
dre meſpris.
ta gloire. Mais comme nous voyons parmy
les hômes, que naturellement ils admirēt les
eſtrangers & nouueaux eſprits, au meſpris de
ceux leſquels conuerſent ordinairement auec
eux. Le meſme arriue-il le plus ſouuent parmy les plantes : car ils font grand eſtat des
eſtrangeres,& les loüent aux deſpens de celles leſquelles ſont engendrées & produites
ſous leur ciel, beaucoup meilleures, & de
plus

plus grande vertu que les autres, d'autant
qu'estant nourries d'vn mesme air, elles ont
plus de sympathie auec nostre nature, outre
qu'elles sont à meilleur marché. Qu'elle necessité y a - il donc d'auoir recours aux plantes estrangeres, puis que la diuine bonté nous
en a donné, qui ont autant, voire plus de
pouuoir enuers nostre temperature. N'est-ce
pas l'vsage de la medecine qui nous a amenez
à la cognoissance de la *Terra medicata*, laquel-   Elle se treuue
le ne cede en aucune façon à la Turquesque.   en beaucoup
Ie parle de celle que l'on appelle *Strigensis si-*   des lieux d'A-
lesiaca recogneuë premierement par vne se-   lemagne.
crette experience de *Ioannes Montanus*, &
apres luy *Ioannes Bertholdus* Silesien, curieux
scrutateur des choses sousterraines; elle se
treuue au champ de Solmense, & autres lieux
de la *Hassia* proche le lac Acronius, au do-
maine du tres-illustre Maximilian Mareschal
Rupenheimius, vis à vis de la citadelle de
Longue-Pierre esparse en vn rocher solitaire,
duquel anciennement on en a tiré grande
quantité: ceste terre se treuue enceinte d'vne
matrice laquelle l'enclost en forme du noyau,
dequoy les vestiges portent encore tesmoignage. I'en ay sou vsé en fait de medecine:
mesmes nostre tres Auguste Empereur Rodolphe II. outre le bol a fait deterrer deux
axonges de soleil & de lune (ainsi les appelle Paracelse) dans son iardin de Bronduse,
l'vne desquelles luy fut donnée pour son vsage, la bonté en ayant esté manifestée par experience; car elle ne cede point pour tout
                                                (comme

(comme i'ay defia dit) à celle de Turquie,
& par ainfi il faut accorder que Dieu ne nous
a pas mieux oubliez que les autres : car fi les
eftrangers ont la vraye corne de Licorne animal tant recommandable à caufe de fa rareté,

Nous ignorés
la puiffance
de beaucoup
de chofes fai-
tes faute d'en
faire des bon-
nes experien-
ces.

n'auons nous pas ἀντιϐαλλόμενον ; c'eft le Licorne mineral , lequel fe tire aux eftangs ou
montagnes ; lequel ne luy cede en rien. Outre ce ie diray en paffant qu'en Morauie, trois
milles de Brunes (où i'ay pratiqué la medecine auec le fieur *Ioannes Bergerus Pamno-
nius*) l'on treuua proche le terroir de l'Abbé
d'Obrouicenfe fur vn rocher quafi inacceffi-
ble , les offements de deux animaux inco-
gneuz , d'vne hauteur incomparable, & ceux
de deux petits de mefme efpece neantmoins,
lefquels fans doute perirent au temps du ca-
taclyfme vniuerfel par l'impetuofité des eaux,
où arriuant quelques mois apres aduerty de
cefte merueille , ie tafchay de faire fortir le
refte des dents defdits animaux , lefquelles eftoient d'vne grandeur exceffiue , auf-
quelles i'efprouuay les mefmes vertus &
proprietez qu'à la corne du Monoceros. Au
mefme quartier bien pres de là y a vn autre
effroyable caué dans vne montagne. En Italie
eft veuë d'vne metairie appellée Caftozza, entre Vicenfe & Padoue, s'en treuue vn autre,
lequel n'eft pas moindre que le premier, dans
lequel on voit des effects & jeux de la nature, autãt admirables que diuers: car les gouttes d'eau diftillantes du lambris en bas , de-
ftournées felon la varieté des chemins, par la
faueur

faueur de l'esprit du sel, font, forment & se
transmüent en pierre de diuerses figures, representans icy vn homme, là vn cheual.&
semblables, lesquelles pierres neantmoins re-
duites en poudre subtille, & donnée du poids
d'vne drachme prouoque incontinẽt à sueur,
& meslée auec les emplastres, sert grandemét
pour la rupture des os : mais ce ne sont là
toutes leurs forces, vù que resoutes en sel par
le benefice du vinaigre distillé proffitent auec
vn grand contentement au calcul, podagre
& autres semblables maladies nodeüses, l'v-
sage desquelles ne nous a esté mostré que par
la signature, laquelle la nature leur a donnée,
nature, dit-ie, si officieuse qu'elle ne permet-
troit iamais que nous fussions sans remede à
nos infirmitez : n'a-elle pas donné des remedes domestiques aux Morauiens suiets au calcul, podagre, & contraction des membres,
prouenãs de leur vins pierreux & sablonneux:
c'est pourquoy *Ruellius* dit fort bien qu'il n'y
a aucune partie de medecine plus incertaine
que celle des pays estrangers. Paracelse tres-
grand naturaliste n'a pas moins de grace, lors
qu'il se mocque de l'estrãge curiosité de quelques medecins (lesquels ignorans les vertus
internes signifiées par la signature) ne cherchent qu'à recognoistre, & sçauoir, le nom
des plantes exotiques, & asseure incontinent
qu'il n'y a païsant lequel n'aye son vray medicament deuant sa porte, & de fait nous
voyons que ceux qui guerissent auec les simples ont plus d'heur & d'honneur au succez

La terre est la vraye phar-macopée de Dieu : car il est tres-cer-tain qu'auec les herbes l'on feroit toutes choses, n'estoit que l'on en ignore la plus grande partie.

de

de leurs entreprifes que les autres, d'autant
que l'effence medicalle ou or-magique, eft
auffi bien à celles-là, qu'aux plus precieufes
deftranges pays : car tout ainfi comme la ter-

re donne dequoy viure, & s'habiller à chafque region (s'en feruant toutesfois en necef-
fité & non fuperfluëment) de mefme auffi la
nature mere de toutes chofes ayant foing de
tout le monde, a voulu diftribuer affez fuffi-
famment des medicaments à tous pour fe fe-
courir. Chafque region côtient en foy la matrice de fon element, & fe fournit de ce qu'il
luy eft neceffaire ; voila pourquoy la nature
a voulu fournir & temperer les fimples prof-
nes à chafque ciel, climat, pays, region, &
fiecle; n'oubliant en iceux la differéce du fexe,
auffi bien que parmy les fenfitifs, & comme
la prouidence diuine a diftingué (& non fans
caufe) l'anatomie en mafle & femelle, auffi
fe faut-il prendre garde en l'application de ne
confondre pas le fexe ; affin qu'ils operent
auec plus de vigueur : car tout ainfi comme
l'homme & la femme font d'vn naturel diffe-
rent, de mefme les remedes auffi. Ie ne parle
pas des medicaments hermaphrodites, ains
des fimples en leur nature, lefquels font pro-

pres les vns pour les ieunes gens, les autres
pour les decrepites & courbez fous le faix de
la vieilleffe; ce qu'appert fort clairement aux
Hellebores. A raifon dequoy Paracelfe recom-
mande aux medecins de fe prendre garde à la
diftinction du fexe des herbes, à l'aage des
medecines, & maladies, fans oublier le com-
plot

plot de la lune.Donc Agrippa a raison de dire que c'eſt vne grande folie d'aller chercher
aux Indes , ce que nous tenons aſſeuré chez
nous ; inſenſez que nous ſommes de croire
que la terre, ny que la mer ne ſont aſſez capables pour nous,preferans les choſes eſtrangeres aux domeſtiques , la ſobrieté à la ſom-
ptuoſité,& la facilité à la difficulté ; car comme nous voyons la diuerſité des mœurs parmy les Turcs, Indiens, Æthiopiens, & Chre-
ſtiens, de meſme faut auſſi remarquer & croire que les plantes croiſſans aux quatre coings
du mōde,ſont de vertu & nature cōtraire, &
le plus ſouuēt ce qui ſert aux autres d'alimēt,
ne nous ſert que de mauuais medicamēt,choſe
que pluſieurs perſonnages dignes d'authorité
nous aſſeurent. Ie pourrois entaſſer vne infinité de teſmoignages touchant cela : mais ie
me contenteray d'vn ſeul pour maintenant,
ſçauoir de la racine d'Aaron, laquelle confir- Gallien liu.2.
mera la croyance de ceux qui voudroient ter- *de alimen-
giuerſer. Ceſte racine eſt tellement mordi- *torum facul-
cate aux lieux froids & ſeptentrionaux qu'el- *tatibus.
le eſcorche la bouche de ceux qui la mettent
dedans ; mais au contraire celle qui vient en
Lydie proche de la ville de Syrene, eſt tellement douce & aggreable au gouſt , que les
hommes les mangent auſſi librement que les
raues : mais poſons le cas que les eſtrangeres
ayent quelque peu plus de vertu que les no-
ſtres, ce qu'aſſeurent les faineants & pareſ-
ſeux , ne ſe ſoucians en aucune façon de celles que nous auons chez nous, ains d'vne
                              eſtrange

estrange arrogance cherchent la nouueauté
des estrangers. Quant à ceux-là ie treuue
qu'ils ont raison, d'autant qu'ils ne recher-
chent pas la santé publique, ains seulement
leur lucre particulier, nous persuadans que
nostre salut ne depend que des vertus esloi-
gnées à cause de leur charté ; toutesfois ie ne
sçaurois croire que telles plantes puissent
estre salubres qu'à ceux de leur climat. Car
si les medicaments estrangers estoient tellement propres pour nous, comme asseurent
ces gés-là, la nature ne nous auroit pas voulu
frustrer d'vn si grand bien, ains auroit fait en
sorte qu'ils eussent aussi bien peu prendre leur
nourriture & procreation chez nous, qu'en
ces estranges pays ; & de fait est-il bien possible que ces medicamens d'outre mer nous
puissent estre si fauorables, n'ayans aucune
affinité du temperamment ou influence auec
nostre climat. Ie ne veux icy sçauoir s'ils ont
esté cueillis en temps propre & conuenable
(d'où souuent arriue du danger) & qui sçait
si ces corps que nous receuons tous les iours
des Barbares soient choisis & asseurez, le
chemin en est si long, que leur vertu peut
estre de beaucoup diminuée, voire tout à fait

Combien que
le traffic &
negoce soient
louables, il
faut voir s'ils
sont propres
pour restituer
vn malade en
son premier
estat.

perduë auant qu'ils soient chez nous. L'on
sçait bié que l'auidité du lucre est telle, qu'elle donne des bonnes inuentions pour les so-
phistiquer & diuersifier en mille façons ; stu-
pides que nous sommes, nous ne tenôs compte de l'abondance que Dieu nous donne en
l'Europe, trop bastante pour subuenir à nos
infirmi

infirmitez, & d'où cela, si ce n'est qu'on ne
veut pas mettre la peine & diligence qui est
requise en tel cas, d'autant que la grauité de
nos medecins est venuë en tel poinct, qu'ils
mesprisent aussi bien la noirceur du charbon,
que la soüille de l'argille. Ie laisse à part les
Apothicaires, desquels la plus grande partie
poussée par la gloire ou auarice, cherche plustost l'escoulement de la bourse du malade,
que non pas la restitution de sa santé, d'où
arriue (au grand dommage de la republique
de medecine, & au grand peril de la vie des
personnes) qu'il n'y a rien de plus cher que
ce qui vient de là la mer rouge, ou du fonds
des Gades, & des Indes, ou de ce qu'on nous
donne à croire en estre venu : ceux qui ont
acheté leur mort par quelque grande som-
me de deniers en pourroient donner vn as-
feuré resmoignage(s'il leur estoit permis d'en
reuenir dire leur aduis) en fin quoy que l'on
me chante, ie tiē auec tous les Philosophes,
que Dieu ny la nature n'ont rien creé en vain,
ains ont doüé toutes les creatures iusqu'aux
plus abiectes de quelque particuliere vertu,
selon qu'il leur a pleu, c'est pourquoy ceux
qui remarquent que la nature des choses plus
petites, est d'vne grandeur incomparable, en
pensent tout autrement, d'autant que la nature recompense la petitesse du corps par vne
grande vertu, & ce que ce corps n'a en matiere, il l'a fort bien en puissance, chose que
nous voyons clairemét aux grains Orientaux
du Kermes, & au sang de ce petit poisson que

les

Il n'y a rien
en toute la
nature qui ne
puisse seruir
en vsage de
medecine.
Scir. chap. 9.
sect. 2. 3. Sou-
uent vne grā-
de science est
cachée sous
vn maloltru
manteau.
Leuit.16.Psal.
104. sect. 15.
Ezech. ch.15.
Scir. chap.13.
sect. 32. 33.
Psal. 104. sect.
15. Iud. ch. 9.
sect. 13.

L'ame du fi-
delle est le
sanctuaire de
Dieu.2.Cor.4.
Le signe cele-
ste ne manife-
ste pas les hô-
mes par la for-
me, ains par
le cœur,c'est à
dire les œu-
ures & les
fruicts. Nostre
Sauueur co-
gnœut l'esprit
renardin du
Roy Herodes
en ceste faço,
& S. Iean taxe
la race vipe-
rine des Pha
riseus.
Beaucoup de
gens eussent
peu deuenir
doctes s'ils ne
se fussent per-
suadez par
vne fauce am-
bition qu'ils
auoient vne
science trop
solide.

les Latins appellent *Murex*, duquel on se sert pour la teinture de la pourpre Royalle. N'est-ce pas vne merueille & industrie inimitable de la douceur du miel, œuure des petits fre-lons, que se peut treuuer de plus admirable, que le fragile tuyau du froment, vray appuy de nostre vie? Sçauroit-on remarquer aucune chose plus rare que la souche, (le plus vil de tous les arbres) laquelle neantmoins nous donne le vin admirable pour la confortation du cœur humain, estant prins auec modestie & sobrieté? L'ame intellectuelle fille du ciel demeure enfermée dãs la soüilleure du corps, lequel n'est qu'vn vray vase fragile de terre. Est-il bien possible que ces choses ayent esté ordonnées de ceste façon par la sagesse diui-ne sans aucũ sujet? Paracelse pere des secrets, (nom qu'il a merité entre tous les medecins) exhorte de tout son pouuoir ceux lesquels veulent acquerir la vraye & parfaicte science de la medecine, qu'ils employent toute leur estude à la cognoissance des signatures, hie-roglyphes,& caracteres; outre ce il dict qu'il y a trois choses par lesquelles la nature (ne laissant rien qu'il ne soit signé) manifeste les hômes & la proprieté de toutes choses creées, desquelles voicy la premiere, sçauoir la chy-romancie; laquelle est le vray astre & phare de la nature, contenuë aux parties externes de l'homme, comme pieds, mains, lignes, & veines. La seconde est la physiognomie, la-quelle comprend la face & le reste de la teste. La troisiesme & derniere, c'est l'habitude & proportion

proportion de tout le corps en general, laquelle denote les mœurs, le iugement iuf-
qu'aux plus fecrettes penfées de noftre cœur,
& apres Paracelfe Iean Baptifte Aporta Neapolitain, tres-celebre medecin, & grand
naturalifte en fa Phyfiognomie, où il a tra-
uaillé au grand proffit & vtilité du public.
Cependant cecy foit pour donner occafion
aux plus parfaicts d'efcrire, ou a quelqu'vn
lequel infpiré du ciel entreprendra le trauail,
& d'vne plume plus affeurée que la mienne
rendra des fruicts plus meurs, auquel pour le
prefent ie remets la partie. I'ay voulu neantmoins rendre communes quelques obferua-
tions (l'harmonie & analogie defquelles i'ay
puifée, tant de Paracelfe, Aporta, que de ma
propre experience) aux curieux amateurs des
fignatures, lefquels ne rougiffent point d'ap-
prendre quelque chofe auec moy. Auffi, s'il
me femble, il eſt plus affeuré de fuiure vn
chemin defia frayé, que d'en commencer vn
nouueau; c'eſt dōc affez d'auoir fait ce qu'on
à peu. Certes ie defirerois tres-ardemment
que ce grand perfonnage Carricterus donnaft
l'effort à ce beau liure qu'il a fait des fignatures, auquel par vn excellent & harmonique artifice il adapte les plantes, eſtoilles
terreſtres, aux eſtoilles celeftes; ô que la Republique Botanique luy en feroit grandemēt
obligée: car (felon Paracelfe) les eſtoilles
font la forme & la matrice de toutes les herbes, & chafque eftoille du ciel, n'eſt autre
chofe que la confufe & fpirituelle prefigura-

B b b — tion

tion d'vne herbe , telle qu'elle la reprefente,
& tout ainfi que chafque herbe ou plante eft
vne eftoille terreftre regardant le ciel , de
mefme auffi chafque eftoille eft vne plante
celefte en forme fpirituelle, laquelle n'eft dif-
feréte des terreftres,que par la feule matiere,
à raifon dequoy toutes les eftoilles predifent
les maladies futures par leurs excrements , &
noftoch;& auffi les plantes & herbes celeftes
font tournées du cofté de la terre & regardét
directement les herbes qu'elles ont procréés,
leur influät quelque vertu particuliere, à caufe de la fympathie mutuelle. Ce fondement
defcouuert, les côpofitions & conftellations
des herbes feront librement recogneües, fi
bien que l'on pourra dire auec affeurance,ce-
cy eft l'eftoille du Romarin, celle-là de l'Ab-
fynthe,& a les mefmes vertus que les herbes,
&c. Il faut icy remarquer qu'autant de varieté de couleurs qu'il fe treuue aux fleurs
terreftres, autant y a - il de vertus imprimées
aufdites herbes : car , comme i'ay defia dir, il
n'y a rien parmy toute la famille des herbes,
qui foit en vain , ains vtile & propre en téps,
lieu & faifon ; & tout ainfi que les muets, &
animaux irraifonnables, lefquels n'ont point
de parolle , monftrent leur affection par certains mouuemens du corps; de mefme Dieu
a donné comme vn truchement à chafque
plante affin que fa vertu naturelle (mais cachée dans fon filence) puiffe eftre cogneüe
& defcouuerte. Ce truchement ne peut eftre
autre que la fignature externe ; c'eft à dire
reffem

Sir. chap. 39.
fect. 26.
　Toutes les
chofes que
Dieu a creées
fubfiftent par
ordre , temps,
poids & mefu
re. Sapien. 11.
fect. 21.
　Quel œuure
que ce foit
denote & ma-
nifefte fon ou-
urier & fabri-
cateur, qui eft
le fecret &
myftere de la
medecine , de

reſſemblance de forme & figure, vrays indices de la bonté, eſſence, & perfection d'icelles, voire comme i'ay deſia dit, ces ſignes magiques parlent auec nous par leur ſignature. Ceux qui creuaſſent & eſuentrent la
terre pour en ſortir ſes entrailles, ont couſtume de ſe ſeruir de quelques ſignes in-
faillibles pour auoir ces threſors aſſeurez, que
Dieu a beaucoup créé de choſes leſquelles il
ne nous a manifeſtez, ſe contentant d'en laiſ-
ſer la recherche à noſtre diligente curioſité,
ne plus ne moins que Moyſe, lequel n'a fait
aucune mention des pierres precieuſes, ny
metaux creez dans les entrailles de la terre,
quoy qu'ils ſoient enrichis de beaucoup de
ſecrets naturels; la raiſon pourquoy Dieu a
créé les metaux dans le ſein de la terre, donnant vne cognoiſſance particuliere d'iceux,
quant à l'exterieur, n'eſt autre ſinon, qu'affin
que par ce moyen nous cogneuſſions que la
nature auoit caché des grandes vertus & ſecrets dans leur interieur. L'eſprit de Dieu ſe
ſert pour l'ordinaire du nom de metail &
pierre precieuſe pour ſignifier l'obſcurité du
ſens de la ſacroſainéte Eſcriture: car lors qu'il
veut parler occultement ce ne ſont que metaux & pierreries. Quelqu'vn ſe pourroit
eſtonner pourquoy Dieu a mis vne partie des
creatures ſur la face de ceſte machine ronde,
& l'autre dans ſon centre; que celuy-là regarde l'opinion des medecins Hermetiques, affin
qu'il ſoit toſt reſolu de ſon doubte; quant
à moy ie me contente de luy dire que Dieu

l'anatomie des formes mõſtre la nature des choſes.

Dieu a ſçeu que les choſes acquiſes par trauail & pei-ne ſeroiét plus aggreables aux hommes, que celles leſquelles arri-uent ſans y penſer.

Moyſe en ſa deſcriptiõ du ciel & de la terre a cou-uert par des ſeules parol-les vne gran-de quantité de myſteres & ſecrets.

n'a voulu mettre ces creatures là dans le cen-

Mineraux & metaux.

tre de la terre (tres-beau secret de la sagesse
de la nature) pour autre raison, sinon que
pour monstrer qu'en elles est la conseruation
de l'esprit vital de l'homme, lequel a son sie-

Dieu a tous-iours mis le plus grand & plus noble au centre & le moindre à des couuert.

ge particulier au cœur, ne plus ne moins que
les herbes logées à la surface de la terre (admirable manifestation de la sagesse de la nature par ces creatures là) sont pour conseruer
toute la masse entiere ; tant des hommes que
des brutes ; de mesme façon aussi il a mis au
centre toutes les vertus ensemble, qu'il auoit
mis esparces çà & là en diuers endroicts de
la superficie. Mais ô merueille estrange que
tous les Astres qui ont esté creez corporellement dans le ciel, l'ont aussi esté spirituellement dans la masse de la terre : car tout ainsi
comme le soleil celeste engendre toutes les

Le soleil ter-restre, c'est l'or.

choses terrestres par le moyen de sa chaleur,
de mesme aussi le soleil terrestre par sa chaleur spirituelle cree & regenere toutes spirituellement, il est bien vray que l'esprit de
Dieu fait naturellement toutes choses par le
soleil celeste : mais par le soleil terrestre, il les

Psal.19.se&.6. Par le soleil, c'est à dire le cœur du mon-de, le cœur du Microcos-me se main-tient en vie.

fait spirituellement, & c'est d'autant que l'esprit n'opere par la mediation d'aucune chose
que du soleil, parce qu'en luy il a mis son ta-
bernacle & non ailleurs ; & tout ainsi comme
le soleil celeste opere en deux façons, sçauoir
manifestement & occultement, de mesme
aussi l'autre soleil (sçauoir le terrestre) trauaille & opere en toutes choses, tantost corporellement, & tantost spirituellement, &
comme

comme le soleil celeste spirituellement en
toutes choses, est leur chaleur naturelle(quāt
à l'interieur) de mesme aussi le soleil terrestre, interieurement spirituel, est la chaleur
natiue, baulme, lumiere, & huille de toutes
choses: l'esprit de vie de celuy-là s'appelle
esprit caché: mais celuy-cy s'appelle proprement & genuinement en toutes choses soulphre, du moins si nous voulons adiouster foy
aux doctes Cabalistes, l'estude desquels a esté
de monter du signe au signifié, des creatures
au Createur, des Anges à Dieu, & là se ioin-
dre estroittement auec luy, affin que par ce
moyen (selon Pythagore) ils se peussent dei-
fier. Toutes les choses superieures sont aux
inferieures, & les inferieures aux superieures:
non toutesfois comme en elles mesmes, mais
selon leur nature: car comme tout l'arbre
enclos dans son noyau est astrallement arbre,
de mesme aussi le monde sensible est en Dieu
diuinement; dequoy ce grand Roy Hermes
affublé d'vne triple couronne, pere de toüs
les Philosophes, à cause de son antiquité, de-
puis le commencement de sa table Smaragdi-
ne plus precieuse cent mille fois que toutes
les pierres precieuses du monde, nous en
donne vn tres-asseuré tesmoignage, disant,
que tout ce qui est dessous, l'est aussi dessus:
mais d'vne façon plus noble & plus parfaicte.
Au monde Angelique, c'est à dire intelle-
ctuel, sont les mesmes astres qu'en ceste machine visible, mais spirituellement & inuisi-
blement. Quant au supréme monde appellé

Trismegiste, dict trois fois tres grand, à cause des trois vertus qu'e- stoient en luy: car il estoit Roy, Philoso- phe, & Pro- phete, & outre ce Monarque de la triple philosophie. Le monde

Bbb 3   par

diuin, ou troi-
siesme ciel de
S. Paul.

Dessus ou hors
de Dieu n'y a
aucun autre
monde.

Les creatures
sont pleines
de Dieu. Psal.
34. sect. 4.

Le monde est
vn miroir dãs
lequel l'eter-
nel se fait voir
& cõtempler.

Le premier re-
garde de Dieu
est de face à
face, l'autre
par lequel on
void ce qu'il
luy est poste-
rieur.

Sainct Iean.

Dieu est co-
gneu en ses
œuures, c'est
pourquoy il
ne faut mesu-
rer ny abuser
d'aucune cho-
se que ce soit.

par les Grecs ὑπερπᾶτω, infiny, increé, incomprehensible, archetype ; les Anges y sont
aussi bien que le monde visible, mais d'vne
maniere toute diuine, & tres-parfaicte.
Doncques les choses basses mõstrent les sub-
limes, les corporelles, les spirituelles par la
nature des terrestres & inferieures, & par les
proprietez des superieures & celestes ; parce
que ces exemplaires inferieurs, externes &
visibles, sont la marque des choses superieures, & le symbole des internes & inuisibles,
lesquelles nous meinent comme par la main
aux eternelles & spirituelles ; en fin toutes les
creatures, mesmes ceste machine en laquelle
Dieu se fait voir (quoy qu'inuisible) ouyr,
gouster, sentir, & toucher, ne sont autre chose que l'ombre de Dieu, & la figure du Paradis interne ; ce regard dis-ie, par lequel les
creatures (posterieures au Createur) sont les
effects par lesquels le fabricateur & premier
agent est recogneu : car toutes les creatures
ont esté creées de Dieu, comme luy-mesme
le tesmoigne, *omnia per ipsum facta sunt*, &c.
Celuy qui separe du Createur la cognoissance des choses creées, n'a seulement que l'ombre des choses creées : mais de dire que l'Archetype n'aye spirituellement en soy toutes
les choses lesquelles paroissent visiblement en
ce vaste corps, & que la composition de toutes choses, soit tant seulement interne, &
non externe ; cela se preuue par la lumiere
naturelle, montant & descendant, entrant
& sortant : Il est asseuré que l'on compte trois
                                          mondes,

mondes, & que ces trois ne font qu'vn vniuerfel, parce qu'ils font l'vn dans l'autre,
fçauoir Dieu, les Anges, & noftre machine
vifible, l'inferieur eft gouuerné par le fupe-
rieur, duquel il prend l'influxion de fes vertus, tellement que l'archetype mefme & fu-
préme fabricateur nous influë les vertus de
fa toute puiffance, par les Anges, Cieux,
Eftoilles, elements, animaux, plantes, & pierres, au miniftere defquelles il a fait & creé ce
tout. Mais venons à noftre entrée ou montée
laquelle fe fait lors que par l'efchelle de Iacob nous nous efleuons de bas en haut, c'eft
à dire des chofes fenfibles aux intellectuelles;
des creatures au Createur, môtant toufiours.
Les Cabaliftes & Rabins Hebrieux tiennent
cinquante portes d'intelligence, les degrez
ou limites defquelles font tirez du premier
chapitre de la Genefe; par le fymbole defquels nous fommes conduits à la cognoiffance de toutes chofes, tant vifibles qu'inuifibles; la fortie ou defcente fe fait lors que
nous allons de Dieu aux creatures, des chofes intellectuelles aux formes externes, ou du
centre à la circonference; par exemple, lors
que par les yeux de la fenfualité ie regarde
vne femme, laiffant fon eftre corporel de la
forme externe. Ie m'en vay à la femence interne & inuifible, & par l'œil de l'entendement ie contemple tout l'arbre auec fes racines, tronc, rameaux, branches, fueilles, fleurs,
& fruicts, venants feparément chafcun en
fon temps. Cefte femence ne va pas mandier

Bbb 4 les

Tout ce qui au monde en general eft auffi à chafcun d'iceux en particulier, & parmy iceux n'y a aucun auquel ne foit tout ce qui eft aux autres tefmoing de cecy Anaxagoras, Pythagoras, Platon, & la Genefe 28. fect. 12.13.

les choses corporelles, ains de soy-mesme
elle se pousse & chasse comme hors de ses entrailles. Donc puis que cet astre ou semence
qui n'est que l'image ou l'ombre de la substã-
ce Angelique, contient tout ce grand corps
d'arbre sans quantité, qualité, &c. Ce sera
bien côclud, s'il me semble, qu'vn Ange pourra enclorre en soy la semence de toutes choses; & beaucoup plus facillement à cause de
l'excellence & noblesse de sa nature : car tant
plus vne chose est simple, tant plus est-elle
parfaicte, absoluë, & puissante, & tout ce
que la puissance inferieure peut, la superieu-
re le peut aussi auec plus d'excellence, & effi-
cace : doncques l'Ange donnant du pain, du
vin, & du fruict à l'homme, ne le prend
point en autre part hors de soy-mesme,
ains en soy, & dedãs soy, d'autãt qu'il le produict en soy-mesme (comme vraye & parfaicte image de Dieu) toutes fois & quantes
qu'il luy plaist, sans aucune diminution de
soy : car l'Ange a toutes choses en soy Angeliquement, & spirituellement, voire il encloft
en soy, & dedans soy toute ceste vaste machine visible, & luy-mesme est tout ce qui est
icy bas. Et tout ce que l'art & la nature, ou la
nature par l'art peuuent, le mesme peut, &
plus viste, & mieux vn Ange, ou esprit esleué
& constitué au dessus de l'art & de la nature.

De mesme
qu'vn feu le-
quel en pro-
duira mille
autres sans
aucune dimi-
nution de soy.

Celuy qui considere attentiuement ceste cen-
trale & circulaire philosophie, n'a aucune difficulté de croire qu'vn Ange ou esprit celeste
ne puisse enclorre tout le monde dans son
poing.

poing. Or puis que l'Ange, lequel n'est que la
pure image de Dieu, enclost, a, & possede tout
dans son abysme, il seroit mal à propos de
nier que la premiere cause existente, & inde-
pendante ne puisse enclorre spirituellement &
inuisiblemét toutes choses en soy, cóme estát
la vraye, & tres-simple fontaine de leur vnité,
parce que tout ce qui est, a esté creé par luy,
qui est tout en tout, la premiere & derniere
cause, laquelle ne prend rien d'aucune matiere
preiacente, ny ailleurs hors de soy, d'autant
que tout ce que la puissance inferieure peut,
le mesme, & mieux peut la puissance superieu-
re, & auec plus de force & excellence : car il
n'y a aucune proportion du finy à l'infiny, &
du Createur à la creature : Dieu est le centre
& cercle de soy-mesme, il habite en soy-mesme, c'est à dire dans l'abysme de son infinité,
que les Hebrieux appellent *Ensuph*, infinité
incomprehensible, à laquelle de toute eternité
on n'a peu excogiter aucun lieu, aucun principe, ny aucune fin, lequel n'a esté faict ny
d'autre, ny de soy-mesme. Il n'a peu estre faict
d'aucun autre, d'autant qu'il n'y a rien eu deuant luy, autrement il ne seroit la cause premiere ; de dire qu'il se soit faict de soy-mesme, il ne se peut : car de rien il ne se faict rien:
doncques tousiours יהוה , & c'est son nom
essentiel τετραγράμματον, ineffable à cause de
sa tres-redoutable Majesté, & incóprehensibi-
lité *Schemhamphoras*, Nó de Dieu tres-grand &
admirable, lequel est sur tous les autres noms,
c'est à dire sans cause premiere, sans temps,

Rien de diuin,
Aleph tene-
breux.

Lumiere te-
nebreuse.

Dieu ineffa-
ble, innomi-
nable, appellé
en la nature
Trigrammus,
en la loy Te-
tragrammus,
& en la grace
Deutagrāmus.

sans

L'eſtat de la beatitude future.

Dieu auant la creation d'aucune choſe eſtoit ſeul quāt à l'exterieur, iuſques à ce qu'il luy pleùt de produire le monde, & loger toutes choſes autour de ſoy.

ſans lieu, & ſans bornes, ne prenant aucune choſe hors de ſoy : mais de ſoy eſt la meſme abondance de tout, ſans qu'il aye beſoing de rien, rendant ſemblables à ſoy ceux leſquels l'ayment, affin qu'ils n'ayent faute de choſe que ce ſoit, ains qu'ils poſſedent tout en ſa patrie, c'eſt à dire au royaume de Dieu, parmy les fidelles & bien-heureux, leſquels habiteront eternellement en Dieu, comme Dieu en eux.

Pourquoy Dieu ne crea pluſtoſt le mõde, c'eſt à cauſe de la tres-grande obeyſſance & reuérence, laquelle eſt dùë au Createur ; & pour euiter le peché, il n'eſt pas permis à la creature de s'enqueſter de cela. Triſmegiſte.

C'eſt pourquoy IESVS-CHRIST Parolle du Pere, Fils de l'Eternel, Sapience donnant vie, vray maiſtre faict homme comme nous ſommes, affin de nous rendre enfans heritiers de Dieu comme luy, ſoit loüé & beniſt à tout iamais.

Dieu doncques Seigneur de tout ſans commencement ; principe, milieu, & fin de toutes choſes, qui n'a beſoing de rien, mais qui par ſa ſeule & liberalle volonté & bonté, par ſa gloire infinie a produict ce tout dans ſon ſein, c'eſt à dire de la tres-profonde conception de ſa diuinité (laquelle Hermés appelle entrailles des tenebres) & par ſa ſeule parolle a premierement produict la lumiere, c'eſt à dire les ſubſtances Angeliques, diſant *Fiat lux*, de laquelle ſortirent les Aſtres, des Aſtres les corps ou machine viſible du monde, compoſée des quatre elemens, & par ainſi toutes choſes ſont en tout à ſa façon, demeurant l'vne dans l'autre, comme l'arbre dans la ſemence, & la ſemence dans l'arbre ; ſi bien que ces deux-là, quoy que diſtincts ne ſont neantmoins qu'vn.

Or

Or donc tous les corps visibles auec les elements sont aux Astres, & les Astres aux corps
visibles, les Astres sont aux Anges, & les Anges aux Astres, les Anges sont en Dieu, &
Dieu aux Anges : mais en telle façon que le
superieur peut estre sans l'inferieur, mais non
pas l'inferieur sans le superieur ; & les corps
ny le monde visible ne sçauroient subsister
sans les Astres, ny les Astres sans l'essence des
Anges, & les Anges aussi ne seroient pas si
Dieu incréé n'estoit, duquel ils tirent leur de-
pendance. Cognoissant Dieu l'on cognoist les
Anges, d'autant qu'ils sont la parfaicte Image
de Dieu; cognoissant les Anges, l'on ne doubte point des Astres, la cognoissance desquels
nous donne vne science asseurée de tous les
corps creés, c'est à dire du monde visible, auquel est comprins le Microcosme, comme son
fils naturel & legitime; d'autant que tel est
le pere que le fils. Par ce mesme moyen, re-
trogradant toutesfois, nous sommes conduits
des choses visibles aux inuisibles, parce que
toutes choses s'en vont de l'interieur à l'exterieur : car les substances Angeliques dependent de Dieu, les Astres, c'est à dire l'inuisible
vertu des choses, dependent des Anges, des
Astres les formes visibles qui sont les corps.
Et tout ainsi cóme toutes choses sont en Dieu
diuinement, de mesme sont elles aux Anges
Angeliquement, & corporellement ou mon-
dainement au monde : car comme la lumiere
est parmy les tenebres, de mesme aussi le superieur est parmy les inferieurs ; & au contraire

Le Verbe de Dieu est la premiere idée de toutes choses.

Ce monde visible & extrinseque a esté fabriqué, & creé par le souerain createur à l'exemple & modelle de l'interne & intelligible. Dieu est l'Estre des astres, c'est à dire le lieu, l'origine, & la complication de toutes les creatures, duquel tout est sorti, & auquel tout naturellemét tout veut retourner.

Les Anges sót des miroirs tres-certains sans estre subiects à la corruption, en ayans esté despouillez par la diuine bóté

traire tout ce qui est sensiblement au monde visible, le mesme est astralement aux Astres, & Angeliquement aux Anges, & tout ce qui est Angeliquement aux Anges, est diuinement en Dieu. Nostre entendement ou ame intellectuelle fauorisée par la diuine bonté, monte du plus bas au plus eminent & haut lieu, par la chaine d'or, laquelle nous a esté enuoyée du Ciel à cause de nostre fragilité, c'est à dire par l'ordre des creatures, iusques à ce qu'elle est arriuée au souuerain fabricateur, auquel toutes les creatures tendent comme à leur vraye source & origine. Et de faict, en Dieu toute la masse du monde n'est que Dieu, Ange aux Anges, & Astre aux Astres, tout de mesme que dans la semence de l'arbre, tout l'arbre fueilles & fleurs ne sont que semence, & le tuyau, racine, espi, herbe & paille de l'orge n'est que le grain, tout cela prouient de la semence, d'autant qu'il estoit caché dans icelle, semblablement toute la machine du monde est angeliquement cachée dans l'Ange, & diuinement en Dieu. Et tout ainsi comme la semence est l'arbre plié & enueloppé, & l'arbre la semence esparse & desployée, l'vnité le nombre enueloppé, le nombre l'vnité estenduë, de mesme l'Ange est tous les Astres vnifiés, & les Astres l'Ange estendu. Et Dieu est l'Archetype, auquel le monde est diuinement enueloppé, le monde aussi (s'il est permis d'ainsi parler) est Dieu estendu en tout & par tout : car Dieu immense, la totalité de la lumiere, contient toutes les lumieres en soy par le rayon

de

Tout ce qu'est en haut, est aussi en bas, mais d'vne façon plus ignoble.

Tout est en Dieu, ne plus ne moins que ce monde inferieur est au superieur, ou comme les lignes au cêtre.

Aux Romains 8. sect. 21. 22.

Dieu est plus haut que la nature.

de sa Majesté, c'est à dire par son Fils, engendre, crée les lumieres Angeliques, par lesquelles il distribue tout: car des Anges il coule aux
Astres, des Astres aux Elements, & des Elements aux corps, desquels les fruicts paruien-
nent à la fin, deuant nos yeux. Cela se voit
encor au Microcosme: car les inferieurs sont
aux superieurs, les derniers aux penultiémes,
& les penultiémes aux premiers, ie voicy clairement: tout le monde m'accordera que les
cinq sens sont en l'imagination, l'imagination
en la raison, la raison en l'entendement, l'entendement en Dieu. Mais Dieu comme supréme n'est en autre qu'en soy-mesme, estant luy
mesme son siege & son habitation; d'autant
qu'il est de soy, & par soy tant seulement; duquel toutes choses coulent comme de la fontaine de leur vnité, à raison dequoy tout ce
qui est vient du souuerain bien, & doit estre
reduict à Dieu comme à sa vraye source & origine: mais comme ces choses ne sont pas de ce
lieu, & que peu de personnes sont capables
de contenir la grandeur de ces thresors dans
la petitesse de leurs greniers: thresors neantmoins tels lesquels ne doiuent estre semés au
vulgaire. Ie tascheray d'adoucir le Genie
d'Harpocrate, par mon silence aussi ne pour-
rois-ie estre entendu qu'auec grande difficulté de ceux, lesquels n'ont pas plongé leur teste
dans les fontaines sans fonds des doctes Cabalistes, n'ayans encor cogneu que l'ombre
de la sagesse humaine, laquelle ie puis librement appeller folie, eu esgard à la sapience ce-

leste

Le Createur crea ce tout en vn momēt sans temps, & anāt qu'il luy pleust faire aucune diuisiō ny separation d'aucune cho-se.

L'habitation de Dieu n'est pas distincte de l'essece. diuine, affin qu'il n'y aye aucun deffaut en Dieu.

Iac. 3 6. Ica. 15.

Comme l'homme eſt cognu par ſes fruicts, de meſme auſſi les plantes ſont cognuës par leur ſignature. Homere appelle les medecins ⲉ̓πὶ παν-τωῦ ὑπείρο-χℴ ἄλλω, d'autát qu'ils doiuent tout voir. L'anamie & forme des herbes ſe doit accorder & correſpódre à l'anatomie, & forme des maladies : car ſi la phyſiognomie & Chyromancie tant des maladies, que des remedes ne ſont eſſentiellement cognuës des medecins, à peine feront ils iamais rien qui vaille, d'autant que la ſignature eſt vn grand fondement, tant pour la medecine que pour la philoſophie. Aux Rom. 1. ſect. 19. Sapience 13. ſect. 1. Sap. 15. pſal. 19. Matt. 17. Iacob. 11.

leſte. Mais affin que ie retourne au lieu duquel i'eſtois ſorty, ie dis que c'eſt vn grand poinct pour la Republique de medecine, que ceſte ſcience des ſignatures ſe deſcouure de plus en plus : choſe neantmoins que quelques Botaniques meſpriſent tout à faict, ne voulans eſcoûter Paracelſe, lors qu'il dit, que celuy lequel ne recognoiſt le ſignifié par le ſigne, n'eſt non plus digne d'eſtre appellé medecin que celuy qui n'a aucune cognoiſſance de Chyromancie, & Phyſiognomie, à cauſe de l'admirable, & harmonique Anatomie du grand au petit monde. Et de faict les amateurs de l'antique medecine ne doiuét iamais meſpriſer telles ſciences, s'ils ne veulent mettre en danger la vie de ceux, leſquels les appellent à leurs maladies, d'autant qu'il eſt neceſſaire (comme nous auons dict à la preface du premier liure) que chaſque maladie aye ſon medicamént correſpondánt tant en phyſiognomie, Chyromancie, qu'Anatomie ; & quiconque des medecins n'a ce fondement, & philoſophique Alphabeth, ne merite de porter ce beau nom : car ces caracteres & ſignatures naturelles, leſquelles nous auons dés noſtre creation, non marquées auec l'ancre, ains auec le doigt de Dieu (chaſque creature eſtant vn liure de Dieu) ſont la meilleure partie, par laquelle les choſes occultes ſont renduës viſibles & deſcouuertes ; ayant au preallable la cognoiſſance des quatre qualités, leſquelles ſont comme l'eſcorce des forces naturelles. Perſonne ne faict doubte que les choſes internes

ternes & inuifibles ne foient plus nobles que
les externes & vifibles. Il eft bien affeuré que
la maifon eft vne chofe externe,laquelle n'eft
que pour l'habitant plus noble que les pierres , & bois, ny que tout l'edifice enfemble;
parce qu'il eft vne creature viue & raifonna-
ble. Il s'enfuit donc que la fignature eft plus
noble que ces qualités; en fin fans la faueur
de la Phifiognomie & Chyromancie , par le
miniftere defquelles l'homme, non feulement
eft defcouuert, quoy que toufiours l'on iuge
de fon interieur par quelques indices externes,ains encore les plus fpecifiques vertus de
toutes chofes,voire mefme les plus grands fe-
crets de la nature,à peine, dif-ie,fans la faueur
de ces deux fciences peut-on auoir aucun fecret de medecine,lequel foit capable de fouf-
tenir l'examen de l'experience : car toutes les
creatures font des profeffeurs en medecine,
creés par la bonté diuine. Noftre premier Pro-
toplafte Adam en fon eftat d'innocence , par
vne certaine predeftination de l'art, ou par
fcience infufe, auoit la vraye & parfaicte cognoiffance de toutes les chofes naturelles ; fi
bien qu'il leur donna leurs noms fi à propos,
que par iceluy l'on ne cognoiffoit pas tant
feulement la chofe , ains encore fa nature in-
terne:car par vn feul fouffle Dieu enfeigna &
monftra à l'homme les forces & la nature de
toutes les creatures. Il y en a & aura toufiours
quelques-vns, lefquels taxeront mes efcrits
d'imperfection : toutesfois ie les prieray auec
autant d'affection qu'il me fera poffible, pour

l'vtilité

La raifõ pour-
quoy Hermés
Trifmegifte
dict que Dieu
fe faict voir en
fes creatures,
& relui par
tout,& la cau-
pour laquelle
il a fabriqué ce
tout, n'eft au-
tre, finon qu'à
fin que nous le
recogneuffiõs
en toutes , &
par toutes cho-
fes:car il n'y a
rien au mõde
qui n'aye en
foy quelque
efchantillon
de la vertu di-
uine.
La Chyromã-
cie & phyfio-
gnomie don-
nent les affeu-
rãces des ma-
ladies futures,
& ce fonde-
mét fcellé par
le feau de la
lumiere natu-
relle préd fon
affeurãce cer-
taine de la
fcience magi-
que. Genef.2.
A & 19.20.
Ceft art a efté
communiqué
aux hommes
de la part de
de Dieu, mo-
yennant la lu-
miere natu-
relle.

l'vtilité & proffit des escoliers en medecine,
qu'ils en mettent au iour des meilleurs, &
mieux ordonnés que ceux-cy, aufquels neantmoins ie n'ay espargné diligence, soing, veil-
les, ny trauail : toutesfois i'estime que le Lecteur debonnaire, voyant l'effect de ma bonne volonté, aggreera ce mien commencement
des signatures: car à la verité aux grandes en-
treprinses, c'est assez d'auoir eu la volonté;
qu'il iouysse neantmoins de cecy, iusques à ce
que Dieu excitera quelqu'vn, lequel fauorisé
du ciel, donnera le dernier traict de pinceau
pour la perfection de ceste tant loüable & ne-
cessaire science des signatures. Amen.

AV LECTEVR.

AMy Lecteur, i'ay voulu faire vne recherche des noms des plantes, en ces signatures, laquelle pourra satisfaire en quelque façon à ta curiosité. Ie les ay mises en François,
Latin, Grec, Italien, Espagnol, Allemand, Flamand, & Arabe: toutesfois il y en a quelques-
vnes, lesquelles n'ont pas tous ces noms, dequoy ie t'ay voulu aduertir auparauant : mais
la raison est, qu'elles ne sont encor cogneuës
en ces pays-là : Prend ma peine à gré, & en
quelque autre façon ie tascheray de te mieux
contenter. Adieu.

DE

DE
LA SIGNATVRE
DES PLANTES,
REPRESENTANS LES
parties du corps
humain.

De la Teſte.

E pauot auec ſa couronne, que les *Les noms.*
Latins appellét papauer, les Grecs
μήκων, les Italiens papauero, les Eſpagnols dormidera, les Allemands
maijſomen, & les Arabes thartax, repreſente
la teſte & le cerueau: ſa decoction eſt fort pro- *Les vertus.*
pre pour les maladies de la teſte.

Les noix, en Latin nux, en Grec κάρυον, en *Les noms.*
Italien noci, en Eſpagnol nuezes, en Allemand
vvolchuuſz, en Flamand vekernoctenboon, en
Anglois vualnuttree, en Arabe gianzi, ont tou- *Les vertus.*
te la ſignature de la teſte : car l'eſcorce verte
par dehors repreſente le Pericrane; c'eſt pourquoy le ſel d'icelles ſert pour les playes du Pericrane.

L'eſcorce dure reſſemble au crane.

La

La pellicule qui encloſt le cerneau, repreſente le meninge, ou membrane du cerueau.

Le noyau monſtre tout à faict le cerueau,
à raiſon dequoy il en dechaſſe les venins, &
pilé auec l'eſprit de vin, le conforte grandement, pourueu qu'on l'appoſe ſur iceluy en
façon de cataplaſme, ou emplaſtre.

Les noms. Les petites fueilles de la fleur du piuoine
que les Latins appellent pæonia, les Grecs
παιωνία, les Italiens pæonia, les Eſpagnols roſa
del monte, les Allemands peouienblun, les
Arabes feonia, ont encor quelque analogie
auec la teſte, & les veines, leſquelles entourent
le cerueau : car lors que leſdictes fleurs ſont
proches à s'eſclorre monſtrent vne petite pel-
Les vertus. licule, laquelle reſſemble au crane, & par ceſte
voye on chaſſe l'Epilepſie.

Les noms. L'Agaric eſt vne excreſcence, laquelle ſuruient en vn arbre nommé meleze, en Latin
larix ou larex, en Grec λάριξ, en Italien & Eſpa-
Les vertus. gnol·laria, en Allemand lerchenbaum, ceſte
excreſcence ſuruient en forme de champi-
gnon, laquelle purge grandement bien la
teſte.

Les noms. La Squille ou oignon marin que les Latins
appellent cepa marina, les Grecs σκίλλα, les
Italiens ſcilla, les Eſpagnols lebola albottaïa,
les Allemands meertzuuibel, & les Arabes
Les vertus. haſpel, eſt encore tres-vtile pour l'epilepſie à
cauſe de ſa ſignature.

Des cheueux.

Les noms. Ce poil folet qui vient autour des coings
que

que les Latins appellent malum cydonium, les
Grecs μῆλον κυδώνιον, les Italiens melo coto-
gno, les Espagnols membrillo, les Allemands
kuttenopffel, les Flamands que perroboem,
les Anglois quintetræ, les Arabes saffargel, represente en quelque façon les cheueux : aussi *Les vertus.*
la decoction d'iceux fait croistre les cheueux,
lesquels sont tombez par la verolle, ou autre
maladie semblable.

La mousse que les Latins apellent muscus, *Les noms.*
les Grecs βρύον, les Italiens & Espagnols mos-
co, les Allemands moosz, & les Arabes axnee,
porte encor quelque signature des cheueux:
aussi mise en decoction faict fort bien croi- *Les vertus.*
stre les cheueux.

Il se treuue encor vne petite herbe aux
lieux humides & marescageux, cóme estangs,
semblable à des petits cheueux rouges &
blancs portant vne fleurette blanche, laquelle
mise en decoction a les mesmes vertus que
les autres.

L'adiantum, tricomanes, ou polytricon d'A- *Les noms.*
pulée en Latin capilli veneris, en Grec ἀδίαντον,
l'autre polytric en Grec τριχόμανες, en Alle-
mand vuildbrot, sont aussi plantes capillaires, *Les vertus.*
lesquelles rendent les cheueux espois, cres-
pellés, & plus beaux qu'ils n'ont esté.

Auicenne dict que le Thapsia, en François
Thapsie, en Grec θαψία, en Arabe autum ariz,
n'a pas son semblable pour les cheueux,

Des oreilles.

On faict vne conserue des fleurs du Asa- *Les noms.*

Les vertus. rium: en François cabaret de muraille, laquelle mangée conforte extremement l'ouye, & la memoire.

Il se faut icy prendre garde que les coquilles cuittes en eau auec du sel commun escumées, & par apres broyées auec huille de succin, mises à la distillation, rendent vn huille qui est tout à faict admirable pour recouurer l'ouye.

Des yeux.

Les noms. Les grains noirs de l'herbe appellée Paris ou aconite, en Latin aconitum, en Grec ἀκόνιτον, salutaire, portant la signature des paupieres, desquels s'en tire vn huille tres-admirable *Les vertus.* pour le mal des yeux, à raison dequoy quelques-vns l'appellent l'ame des yeux.

Les noms. La fleur de l'Euphraise, que les Latins appellent Euphrasia, les Grecs εὐφροσύνη, les Alle- *Les vertus.* mands augenthrost, porte la marque & signature de tous les vices des yeux: aussi distillée, elle y sert grandement.

Les noms. La camomille, que les Latins appellent Anthemis ou camomilla, les Grecs καμαίμηλον, les Italiens camomilla, les Espagnols mauzarilla, les Allemands camillen, les Flamãs roomsche, *Les vertus.* les Arabes debauigi.

Les noms. Lecaltha, en François pas d'asne, en Italien farfarella, les Grecs σήκιον, les Allemands roschuab, auec le hieracium, en Grec ἱεράκιον, du- *Les vertus.* quel le faulcon se sert pour chasser l'hebetude des yeux de ses petits, sont aussi grandement
ment

ment propres pour le mal des yeux.

L'Argemone que les Latins appellent arge- *Les noms.*
mône, ou argemonia , les Grecs ἀργεμώνη.

L'Anemone que les Latins appellent Ane- *Les noms.*
mône ou herba venti , les Grecs ἀνεμώνη , les
Arabes iakaiak.

Le petit geneſt , que les Latins appellent *Les noms.*
flos tinctorius,ou aſter atticus, les Allemands
gil bluom,ou ſtreich.

La Scabieuſe,que les Latins appellent ſca- *Les noms.*
bioſa , les Allemands apoſtenkraut , ſont des
herbes fort propres auſſi pour l'incommodité *Les vertus.*
des yeux.

· La fleur de l'argentine, que les Latins ap- *Les noms.*
pellent potentilla , les Allemands geuſerich,
repreſente la paupiere des yeux : & diſtillée *Les vertus.*
eſt vn ſingulier remede pour le mal des yeux.

La pierre appellee Belloculus , laquelle a *Le nom.*
comme vne paupiere ronde & noire , portée
entre les mains eſclaircit & conforte la veuë. *La vertu.*

Du nez.

La mente ſauuage,que les Latins appellent *Les noms.*
mentaſtrum , les Grecs ἡδύοσμ[Ο], ἄγι[Ο] , les
les Italiens mentaſtro, les Allemands vuilder
balſam, i'entens l'aquatique , porte les fueilles veluës ſemblables au nez , & la fleur
d'vne couleur rouge blanchaſtre:l'extraict de
laquelle ſert grandement pour ceux qui ont *Les vertus.*
perdu l'odorat.

Des Genciues.

La petite Ioubarbe,que les Latins appellent *Les noms.*

ſedum

sedum minus, les Grecs ἀείζωον μίκρον, les Italiens semperuiuo, les Allemands haufzuurtz, les Arabes Beiabalalen, est adherant aux murailles,& a la signature des genciues, à raison *Les vertus.* dequoy le suc retiré sert grandement au mal qui suruient aux genciues.

Des dents.

Les noms. En la iusquiame que les Latins appellent hyosciamus, les Grecs ὑοσκύαμ☉, les Italiens iusquiamo, les Espagnols velenho, les Allemands bilsaukraut, les Arabes bengile: le receptacle ou fil porte la figure des dents machelieres, duquel se tire vn huille ou liqueur, lequel mis en decoction auec le Persicaire, que les Latins appellent Persicaria, les Allemands *Les vertus.* Persichkraut, & le vinaigre, puis mis chaud contre les dents, appaise incontinent les douleurs.

On se peut encor seruir de la racine de la iusquiame, en tirant le suc au pressoir, & puis le mesler comme dessus.

Les noms. Les pommes de l'acinus, ou epipetron, que les Grecs appellent ἄκν☉, les François pommes d'Adam, representent les dents : aussi leur *Les vertus.* decoction sert & proffite de beaucoup pour les r'affermir, & oster la villenie chancreuse, qui s'engendre autour d'icelles.

Les noms. Les noyaux du pin que les Latins appellent pinus, les Grecs πεύκη, les Italiens & Espagnols pino, les Allemands hartz baum, les Anglois pine tre, les Arabes senabar, les Flamands pinap

hap pelboom, les Bohemiens borouuict, ont
aussi quant à eux la signature des dents, & de *Les vertus.*
faict les fueilles du pin mises en decoction
auec le vinaigre, font les mesmes effects que
les susdites.

La dentelée que les Latins appellent den- *Les noms.*
taria ou dentellaria, les Grecs ἀφυλ ☉, y est
aussi tres-bonne, & c'est ceste herbe à laquelle
la nature a voulu donner par vn admirable artifice, vne racine toute garnie d'escailles. *Les vertus.*

Du Gousier.

Pour le mal du gousier l'on faict vn garga- *Les vertus.*
risme de la pyrolle, que les Latins appellent *Les noms.*
pyrolla, les Allemands vualdmangolt, lequel y
est admirable, comme aussi celuy du vuularia,
que les François appellent laurier taxa, & du
ceruicaria.

Du foye.

Quant aux signatures du foye nous les treü- *Les noms.*
uons aux champignons, lesquels croissent au
pied des bouleaux, que les Latins appellent
fungus betulinus, les Italiens fongnio, les
Espagnols hongos cogomelos, les Allemands
pfifferling, les Arabes hatar, lesquels mis en
poudre, ont vne particuliere vertu d'arrester *Les vertus.*
le sang tant des playes que du nez estant iet-
tés dessus.

L'herbe appellée iecoraria, adherante aux *Les noms.*
murailles des fontaines a aussi en soy vne par-

ticu

Les vertus. ticuliere vertu pour les affections du foye.

Les noms. Le mesme faict aussi l'herbe appellée hepatica, ou herba Trinitatis.

Les noms. Les poires, que les Latins appellent pyrum ou pyra, les Italiens pere, les Espagnols pyras, les Allemands pyren, les Flamands perre, les Arabes kemetri, les Anglois pear, les Bohemes hrussky ; portent aussi la signature du

Les vertus. foye ; c'est pourquoy elles sont propres pour les affections du foye.

Du cœur.

Les noms. Le citron que les latins appellent *Citria*, les Grecs μηλέα μηδική, les Italiens Cedri & Citroni, les Espagnols Cedras, les Allemands Citrinoepffel, les Flamans Citrotuen, les An-

Les vertus. glois Citrontre, represente le cœur: aussi y est il propre, comme sont aussi deux des racines de l'Anthora, autrement antithora, ou antiphora, lesquelles representent deux petits cœurs : l'herbe appellée Alleluia porte des fueilles à la cime, lesquelles ont la signature du cœur.

Les noms. La Melisse d'Europe, que les Latins appellent *Melissophylum*, les Grecs μελισσόφυλλον, les Italiens Cidronella, les Espagnols Yerua Cidrea, les Arabes Marmacos, porte encor la

Les vertus. signature du cœur: à raison dequoy elle y est propre.

Les noms. L'agripaume, que les Latins appellent *Cardiaca*, les Allemands Hertszgspan, ou Hertzgsper ; Et la Melisse Turquesque, que les Latins

tins appellent *Molluca*, & les Turcqs Maſſel-
ue,ſont encor plantes cordialles.

Le Nard, que les Latins appellent *Nardus*,
les Grecs ναρδοω , les Italiens Spegonardo , les
Eſpagnols Azumbar Eſpigaſil , les Arabes
cembul , les Mirobalans , que les Arabes appellent Azfar, les Indiens Rezenuale.

Les pommes de coings,que les Latins appellent *Malum Cydonium*, les Grecs μηλον κυ-
δωνιον , les Italiens Melocotogno , les Eſpagnols Membrilho , les Allemands Kuttenopffel, les Flamans Queperroboem,les Anglois
Quintetræ, les Arabes Suffargel , portent la
meſme figure du cœur:& toutes ſont propres
pour iceluy.

Des Poulmons.

Il y a deux ſortes de *Pulmonaria* , que les
François appellent herbe aux poulmons , les
Allemands Lingenkraut ; l'vne adhere aux
pierres,& l'autre aux arbres , mais cela n'im-
porte,car elles ſont toutes deux fort bonnes
pour les affections des poulmons.

Il y en a d'vne eſpece, laquelle eſt parſe-
mée de petites taches blanchaſtres , laquelle
n'a moindre vertu que les autres , eſtant miſe
en decoction comme les precedentes.

Des Mammelles.

Le miroir des plumes de la queuë du
Paon nous en montre la figure, comme auſſi
du ventre des femmes ; c'eſt pourquoy miſes

en

en poudre & prinſes auec le vin, gueriſſent
le mal des mammelles.

Du Fiel.

La vertu. Pour la purgation du Fiel, il faut prendre
l'eſcorce verte, qui encloſt la noix que les La-
Les noms. tins appellent *Iuglans*, les Grecs Κάρυον, & en
tirer le ſuc, qui eſt de meſme couleur & ſa-
ueur que le fiel; & puis le boire, & l'on en
verra l'effect.

De la ratelle.

La vertu. Le mal de ratte eſt fort bien guery par la
Les noms. vraye Agripaune que les Latins appellent
Scolopendrium, & par l'aſplenum ou cetarach,
que les Grecs appellent ἄσπλυον, les Italiens
appellent herba Inodorata, les Eſpagnols Do-
radilha, les Arabes Holofendrinus.

Les mm. Par le lingua ceruina que les Grecs appel-
lent φυλλῖτις, les François langue de cerf, les
Allemands hirſzung. Par le lupin que les La-
tins appellent lupinus, les Grecs θέρμος, les
Italiens lupino, les Eſpagnols entramocos, les
Allemands feigbouein, les Arabes tormus
ou tarinus, pourueu qu'elles ſoient miſes en
Les vertus. decoction & beuës le matin à ieun.

Du ventriculle.

Les noms. Les ſeules fueilles du cyclame ou pain de
pourceau que les Latins appellent Cyclamen,
les

les Grecs κυκλάμινος, les Italiens pan porcino, les Allemands fchuuembrot, les Arabes buchormarien, font admirables pour le ventricule, ie dis les feules fueilles, parce que les racines rendent les membres comme paralytiques. *Les vertus.*

Le gingembre que les Latins appellent zingiber, les Grecs ζιγγίβερ, les Italiens gengeuo, les Efpagnols gengiure, les Allemands ingher, les Arabes zingibel, y eft auffi fort propre. *Les noms.* *Les vertus.*

La galange en Latin galanga, en Grec γαλάγγα, en Arabe caluegia, en Chinois lauandon, en Iaua laneuaz, eft le ventricule externe par lequel l'interne eft conferué. *Les noms.* *Les vertus.*

Du nombril.

L'vmbilicus veneris que les Grecs appellent κοτυληδών, les Italiens ombilico di venere, les Efpagnols efcudettes, les Tofcans copertomole, porte fa fueille ronde, & concaue laquelle imite de pres le nombril craffe & charnu d'vne femme, & de faict il excite grandement à l'amour, felon Diofcoride, d'autant que tous les medecins affeurent que le vray fiege de luxure eft au nombril. *Les noms.* *Les vertus.*

Des inteftins.

Pour les inteftins on ne treuue guere leur fignature qu'au calamus aromaticus, que les Grecs appellent Κάλαμος ἀρωματικὸς, les Arabes *Les noms.*

bes

bes caſſab. Encore la caſſe, que les Latins appellent caſſia fiſtula, les Grecs κασία μέλαινα,
les Italiens caſſia, les Eſpagnols canella, les
Allemands roërtim, en la ſignature : à raiſon

Les vertus.

dequoy on s'en ſert pour purger.

De la veſſie.

L'alchechenge, que les Latins appellent al-
kekengi ; le ſolane dormitif, que les Latins

Les noms.

nomment halicacabus.

La veſicaire, par les Latins veſicaria, ou
cor indicum, ou piſum cordatum, porte des

Les noms.

veſſies ſemblables aux humaines, au dedans
deſquelles ſe treuue l'aciins enclos, lequel

Les vertus.

eſt admirable pour appaiſer & chaſſer le calcul.

La veſicaire rempante, le ſtaphylodendros,

Les noms.

le baguenaudier, ſelon les Latins colutea, &
ſelon les Grecs κολυτέα. La morelle, en Latin
ſolanum, en Grec σρήχνος, en Italien ſolatro,

Les vertus.

en Eſpagnol yerua mora, en Allemand nacht
ſchadt, en Arabe alhomaleb, ont les meſmes
vertus que les ſuſdites.

Des parties honteuſes de l'homme.

L'aron, ſelon les Latins arum ou ariſarum,

Les noms.

ſelon les Grecs ευάροσϊν, ſelon les Italiens
Aglio, ſelon les Eſpagnols ayou, les Allemands kurbloch, en monſtre la figure toute
entiere, quelques-vns eſtiment que le ſatyrion
erythreonum ou le ſatyrion de Paracelſe, que
les Grecs appellent σατύριον, les Italiens ſati-
rione

rione, les Arabes gaſi alchaleb : ou la ſerpentaire, que les Latins appellent dracontium
ou dracunculus, les Grecs δρακόντιον, ſoient
le vray Aron, parce que ces herbes ont la ſignature des parties : mais cela n'eſt aucunement : car apres leur maturité ces herbes de- *Les vertus.*
meurent couchées par terre ſi bien que l'on
les prendroit pluſtoſt pour ſerpens que pour
leſdites parties.

Les febues, ſelon les Latins faba, ſelon les *Les noms.*
Grecs κύαμος, Italiens faua, Allemands bouen,
Arabes habalté, repreſentent naïfuement les
parties & principallement le bout, à raiſon
dequoy elles ont eſté condamnées par Pythagoras : la farine des febues ſert grandement *Les vertus.*
pour appaiſer les inflammations, leſquelles
arriuent aux parties.

La decoction faite du corps ou tronc de la
cichorée ou endiue, que les Latins appellent *Les noms.*
cichorium ou intubus, les Grecs σέρις, les Italiens & Eſpagnols endiuia, les Allemands en-
diuien, les Arabes hundebe, repreſente la
verge: auſſi eſt-elle extremement bonne pour *Les vertus.*
ceux qui ſont maleficiez, ou qui ont l'eſguil-
lette noüée, eſtant prinſe par le dedans, &
miſe en forme de fomentation par le dehors.

Le chou concaue du hieracion, herbe à *Les noms.*
l'eſpreuier, que les Grecs appellent ἱεράκιον,
mis en decoction auec eau commune, & beué
tous les iours tiede, eſt vn admirable ſpecifi-
que pour l'inflammation & demangeaiſon de *Les vertus.*
la verge.

Les pois-ciches, que les Latins appellent *Les noms.*
piſa

Les vertus. piſa , les Grecs ὄϛπια κίδρατα , les Allemands
erbſz , ont quaſi la meſme ſignature & vertu.

Les noms.   Les fruicts du pin que l'on appellé en François pignons , & les piſtaches repreſentent
außi le meſme , à raiſon dequoy mangées ex-
Les vertus. citent à luxure.

Les noms.   Les glands que les Latins appellent proprement glans , les Grecs βαλανιμά, ont la ſignature du bout de la verge couuert par le
Les vertus. prepuce, außi excitent à luxure.

Des teſticules ou genitoires.

Les noms.   Parmy le genre des plantes bulbeuſes, toutes les eſpeces de coüillon de chien que les
Latins appellent orchis , les Grecs κύνος ὄρχις,
les Italiens teſticolo di cane , les Eſpagnols
coyon di perro, les Allemãds knabenkraut, les
Arabes chaßi alkes, excitét à luxure, à cauſe de
Les vertus. la ſignature & ſimilitude, ils ſe peuuét reſou-
dre & corriger l'vn l'autre : car le plus haut,
plus grand , & plus plein excite grandement
au fait : mais le plus bas, mol, & ridé a vn effect tout contraire : car au lieu d'eſchauffer il
Vertu con- refroidit, merueille de la ſageſſe de la nature,
traire. gouuernante de la generation des hommes,
laquelle nous a voulu manifeſter çeſt admirable threſor pour l'accroiſſement du monde,
tant à cauſe de ſa ſignature que de ſon odeur,
laquelle ne differe en aucune façon à celle de
la ſemence ou ſperme viril. Le meſme effect
Les noms. ſe remonſtre à l'eſſence du ſatyrion , que les
Latins appellent ſatyrion , les Grecs σατύριον,
les

les Italiens fatyrio ou fatyrione, les Arabes
chaſſi, attrabeb, gaſi alchaleb. Pour les hom- *Les vertus.*
mes froids leſquels ont preſque perdu leur
chaleur naturelle, ces racines reſſemblent ſi
fort aux teſticules, qu'il eſt impoſſible de les
voir ſans les cognoiſtre tout à l'inſtant.

Le couillon de bouc que les Latins appel- *Les noms.*
lent tragorchis, les Grecs auſſi τϱάγοϱχις paſſe
outre : car ne plus ne moins que le bouc eſt
le plus luxurieux des animaux, de meſme ce- *Les vertus.*
ſte racine excite mieux à luxure qu'aucune
autre eſpece des plantes bulbeuſes que ce
ſoit.

Le ſatyrion rouge qui a l'eſcorce de ſa raci- *Les noms.*
ne rouge, & blanche dedans excite auſſi à
Venus, ſi on la tient ſeulement dans la main, *Les vertus.*
& mieux encor ſi on la boit, teſmoing Lobel
apres Dioſcoride.

La grande ſerpentaire que les Latins ap- *Les noms.*
lent dracunculus maior, les Grecs δϱα-
κόντιον, qui a la racine bulbeuſe, à la façon
d'vn teſticule prins dans du vin, a les meſmes
proprietez, pour ce qu'eſt de Venus, que les *Les vertus.*
ſuſdites.

Le pourreau eſt tellement ſemblable à la *Les noms.*
caillette ou ſcrotum, que meſmes il en eſt venu en prouerbe, auſſi excite-il à luxure. *Les vertus.*

Les fleurs de coüillon de chien, duquel *Les vertus.*
nous auons deſia parlé excitent auſſi bien à
luxure que les racines & meſmes ils rendent
la vigueur à ceux qui l'ont perduë.

Le boletus ceruinus a la ſignature des par- *Les noms.*
ties, c'eſt pourquoy il conforte, non ſeulement,

ment prins par dedans, ains encore appliqué
Les vertus. par le dehors; & c'est pour les enfleures des
testicules ou autres semblables affections.

Les noms. Le phallus batauicus, qui croit au riuages
de la mer en Hollande, porte l'entiere signature: car on y void la verge, la couuerture du
prepuce, & la bource des genitoires : c'est
Les vertus. pourquoy il est tres-propre pour les maux qui
viennent en ces parties.

Les noms. Les grumes du raisin du basilic sauuage,
que les latins nommēt acinus, les Grecs ἄϗινϵϛ,
ont la signature du sexe masculin & feminin,
Les vertus. à raison dequoy les anciens disoient que sans
Sine Cerere Ceres & Bacchus Venus estoit froide.
& Baccho
friget Venus.

De la matrice & du ventre.

Les noms. La sarrasine, que les latins appellent aristo-
lochia rotunda, les Grecs ἀϛϛολϵϫία, les Allemands holtnurtz, les Arabes zaraund mas-
Les vertus. mocra, i'entends la femelle, imite de fort pres
le ventre de la femme : à raison dequoy elle
sert grandement pour la deliurance des femmes.

Les noms. Les pois aussi desquels nous auons parlé à la
signature des parties virilles.

Les noms. Le bouleau ou bes, que les latins appellent
betula, les Grecs ϲυμίδα, les Italiens bettola,
ceux de Trente bedollo, les Allemands Bir-
chenbaum, les Bohemes briza, a vne escorce
Les vertus. interieure verte, laquelle porte tout à faict la
signature de la matrice auec ses petites veines
sanguines, à raison dequoy mise en decoction
sert

sert grandement pour la purgation de la matrice.

Le saunier ou sauinier, que les latins appellent sabina, les Grecs βραθυς ou βαρυθροη, les Italiens sabina auec les Espagnols, les Allemands sebenbaum, les Flamands sauelboon, les Anglois sauintre, les Arabes abhel, les Bohemiés Klassterska cuuogka, porte la signature des veines de la matrice, à raison dequoy il dissout le tartre dans les veines des femmes. Les noms. Les vertus.

La pomme de grenade que les latins appellent malum punicum, les Grecs ροια ou ροα, les Italiens melagrano, les Espagnols grenadas, les Allemands granotoepffel, les Anglois pomaranat tree, les Arabes kuman ou ruman, monstre fort bien comment est-ce que l'enfant sort de la matrice: car ceste pomme estât meure, s'ouure au moindre ventelet, ou mauais temps, & estalle son fruict qu'est dedans, le mesme fait l'enfant: car la matrice s'ouure de mesme façon que l'escorce de la grenade. Les noms. Les vertus.

Le pain de pourceau chez les latins cyclaminus, chez les Grecs κυκλαμινος, chez les Italiens cyclamino, chez les Allemands erduurtz & scamenbrot, chez les Arabes bochormarien, auec sa racine bulbeuse ressemble tout à faict le ventre de la femme, à raison dequoy Theophraste, dit qu'il excite grandement à l'amour. Les noms. Les vertus.

L'herbe appellée leontopetalon par les latins, qui veut autant à dire que fueilles de lyon en François, en Grec λεοντοπεταλον, a la racine bulbeuse & veluë, laquelle monstre Les noms.

Ddd tout

tout à fait les parties d'vne femme à laquelle
Les vertus. le poil commence seulement à venir : aussi
portée elle excite grandement à luxure.

Les noms.   L'escorce de la muscade, ou selon les latins
macis, represente fort à propos la matrice par
Les vertus. sa signature : car elle encloist la noix de mesme que la matrice fait l'embryon.

Des reins.

Les noms.   Il ne s'est encore treuué aucune plante qui
aye porté la signature des reins, que le pour-
pier, que les latins appellent portulaca, les
Grecs ἀνδράχνη, les Italiens porcelachia, les
Espagnols verdolagas, les Allemands burtzel-
Les vertus. kraut, les Arabes batzleanchas : aussi sert-il
pour le rafraischissement d'iceux.

De l'arriere-faix des femmes.

Les noms.   Les lys d'estang, que les latins appellent
nymphæa, les Grecs νυμφαία, les Espagnols
hijos del rio, les Allemands vueyssebblao-
men, les Arabes ninofar, porte la signature
Les vertus. de l'arriere-faix des femmes : à raison dequoy il le fait sortir auec vn grand contentement.

De l'espine du dos.

Les noms.   La presle, selon les latins equisetum, les
Italiés coda di cauallo, Espagnol coda di mu-
la, Grec ἱππουρις, Allemand rossschuuantz,
Arabe

Arabe dheuben, alchail, ou dembalchil, en
porte la vraye signature: car la tige se demóte
tout de mesme, est faicte à petites pieces,
comme l'espine: aussi est-elle bonne pour le *Les vertus.*
mal des reins.

La feugiere, que les latins appellent filix, *Les noms.*
les Grecs πτέρυς ou πτέρυον, les Italiens felce,
les Espagnols heleco yerua, les Allemands
vvaldtfarn, les Arabes farax (estant de la
femelle) porte vrayement la signature de
l'espine du dos : aussi mise en decoction auec
vin & eau, est vn tres-excellent remede pour *Les vertus.*
les douleurs des reins, si l'on continuë d'en
faire onction quelque temps, la preuue en
donnera asseuré tesmoignage.

Des grands os.

L'herbe appellée en François grace de *Les noms.*
Dieu, en latin gratia Dei, en Italien stanca
cauallo,represente naïfuement les os, & pour *Les vertus.*
ceste cause l'on s'en sert en poudre pour la
fracture des os.

L'ossifraa ou pierre sablonneuse, laquelle *Les noms.*
se treuue proche de Spire, fait des miracles
pour racommoder les os rompus,& son effect *Les vertus.*
procede de la signature.

Des nerfs & veines.

Les noms.

Le platain,selon les latins plantago & arno-
glosson,les Grecs l'appellent aussi ἀρνόγλωσσον,
les Italiens Piantagine, les Espagnols llan-

Les vertus. ten, les Toscans centinerbia, les Allemands vvegerich, en porte l'entiere fignature, voire encore la figure chiromantique des mains & des pieds, felon la difpofition de fes fueilles.

Les noms. La fauorée, appellée en latin clauina, en Grec θύμβρα, en Italien fauoregia couiella,

Les vertus. en Arabe fabater ou fabatar : donne encor beaucoup d'air aux veines pour fa fignature,

Des pores de la peau.

Les noms. Les fueilles d'hypericon, en François mille pertuis, en Grec ὑπερικὸν ἀνδρόσαιμον, en Italien hyperico, en Efpagnol coraconcillo, en Allemand coanskraut, en Arabe recofricon,

Les vertus. ont la fignature defdits pores, c'eft pourquoy l'on s'en fert pour l'obftruction d'iceux, & pour la fueur.

Des mains.

Les noms. La paulme de Chrift, que les latins appellent palma Chrifti, les Grecs κρότων, les Italiens Girafole, les Efpagnols figuera de l'inferno, les Allemands creatzbaum, en porte la fignature, comme font auffi les fueilles de figuier, appellé felon les latins ficus, en Grec συκῆ, en Italien fichi, en Efpagnol higos, en Allemand feighen, en Flamand fniguenbaum, en Anglois fage tree, ou fiikftepei, en Arabe

Les vertus. fin, en portent auffi la fignature, à raifon de laquelle l'on s'en fert pour les douleurs des articules des mains.

Fin de la fignature des plantes.

S'EN

S'ENSVIVENT LES
fignatures des maladies.

Et premierement

De l'Apoplexie.

LA fleur du lys porte la fignature d'vne goutte : car elle eft pendante de la mefme façon, & à caufe de fa fignature l'on s'en fert fort heureufement pour cefte maladie.

La pierre du poiffon nommé Carpion, faite en façon d'vn croiffant, ou demy lune eft auffi grandement recommandable pour l'apoplexie.

Du calcul ou grauelle.

Tout ce que chaffe le calcul, eft magiquement figné par quelque fimilitude, laquelle par fes images demonftre fort aifément la maladie,

Et font le Chriftal,

Le caillou,

Lapis citrinus   pierre citrine.

Lapis Iudaïcus   pierre Iudaïque.

Lapis lyncis   pierre du lynx.

Quant à la pierre du lynx, que i'appelle lapis lyncis n'eft autre chofe que fon vrine, laquelle fe petrifie & endurcit, voila l'occafion pourquoy l'on s'en fert au calcul.

Ddd 2   Encore

Encore la pierre d'vn homme qui aura
esté taillée.

Les racines du saxifraga.

Le milium solis.

Lequel milium solis porte la signature du
calcul, à cause de sa candeur & rondeur semblable aux perles ; l'on le met au nombre des
semences dures , fort vtile & conuenable
pour ladite maladie.

Les fruicts & filets du resta bouis , ou arreste bœuf, porte la mesme signature & est vtile
à ladite maladie.

Les noyaux des cerises, pesches , & nesfles
ont encor la mesme signature & proprieté,
auec plusieurs autres semblables , lesquelles
viennent au temps de l'Automne.

Les cappes sont encore compris au nombre desdictes choses, portants la signature du
calcul.

Des chancres.

Le dactyletus porte la signature des chancres ; à raison dequoy (selon Paracelse) estant
beu guerit le chancre, quelques-vns croyent
que les hermodactes d'estrange pays, lesquels
semblent se remettre dans leur centre , auec
leur racine ronde font le mesme que le chancre.

L'herbe appellée lunaria porte encore la
mesme signature, & de fait Carrichter docte
medecin , asseure qu'auec ce simple il a autant guery de chancres aux mammelles, qu'il
s'en sont presentez à luy.

La rorella, autrement ros solis en fait de mesme

me à cause de sa signature.

De la colique.

Le conuoluulus qui croist parmy les bleds represente les intestins, à raison dequoy l'ayant mis en decoction, est vn remede singulier pour la colique.

L'anguille est vne vraye peste pour la colique.

Des cicatrices.

L'oliuier.

Les ormes;

Et toute sorte d'arbres portans raisins, lesquels ont l'escorce fenduë, sont des remedes tres-asseurez tant pour les playes, que pour les cicatrices.

De la dysenterie.

La racine de l'acorus aquatique iaune, cueillie au mois de May, & posée sur la region du ventricule, est vn tres-excellent remede pour la dysenterie : car elle porte la signature & couleur des excrements.

Le mesme font les grains du sambuc, ou suyer.

De l'Erysipele.

La decoction faite de la semence de l'oxylapathon, qui a la couleur de chair, non tout à faict rouge, est vn remede tres-asseuré pour l'Erysipele.

Le colchotar de vitriol, calciné auec violence, & dissout auec eau de plantain, apposé exterieurement, y faict aussi des merueilles.

L'acorus de marest a les mesmes vertus pour l'erysipele.

De l'Epilepfie.

Le guy de chefne faict meurir la maladie.

Les femences noiraftres du piuoine, ou pæonia, pourueu qu'elles ne foient encor venuës à maturité, dechaffent fort aifement la mefme maladie.

Pour la mefme maladie le petit os ou officulum du crane d'vn Epileptique ou d'vn pendu, y eft tout à faict admirable, ie dis d'vn pendu, parce que tous ceux qui font pendus font furprins de l'epilepfie en l'agonie, lors que l'efprit vital enclos, cherchant quelque fortie, eft fuffoqué, on le peut exhiber au commencement du paroxyfine, au croiffant de la Lune.

Paracelfe tient encor que le paffereau ou moineau y eft fort propre, à caufe de certaine vertu occulte.

Des excrefcences.

L'Agaric & toutes les autres excrefcences des arbres, foit qu'elles arriuent aux branches, fuëilles, ou ailleurs, font fort propres à guerir les excrefcences, lefquelles arriuent au corps humain.

De l'Exantheme.

La femence des raues en porte la fignature, comme font auffi les lentilles, lefquelles mifes en decoction dechaffent brauement cefte maladie.

Du fic.

L'vn & l'autre fcrofularia, c'eft à dire les deux efpeces le gueriffent, auffi portent-elles la vraye fignature de cefte maladie, à raifon

dequoy

dequoy la decoctió prinſe le matin auant que
manger, ſert grandement contre ladicte maladie, on peut encor en faire vn fermaillet, & le
porter pendu au col, pourueu qu'il paruienne
iuſques à l'orifice ſuperieur de l'eſtomach, on
en verra les effects.

Des fiſtules.

Le ionc aquatique en a la vraye ſignature,
& de faict le ſel tiré d'iceluy artificiellement,
ſelon l'art chymique, puis donné tant par le
dedans, qu'appliqué par le dehors, eſt admirable pour les fiſtules.

Le rapunculus à la fleur iaune, porte la
meſme ſignature, & eſt doüé de la meſme
vertu.

De l'enfant dans le ventre.

Les pierres Ætites, ou pierre Aquillée, porte la ſignature des femmes enceintes : car elle
en contient vne autre petite dedans ſoy, pour
ſon vſage il ne faut que l'attacher au bras gauche de la femme qui eſt au mal de l'enfant, &
puis quand elle ſent que les fortes trenchées
la ſaiſiſſent, il la luy faut mettre ſur la cuiſſe
gauche, & l'on void que par ſon moyen la
femme ſe deſliure ſans danger, & auec peu de
douleur : mais il ſe faut prendre garde de l'o-
ſter incontinent apres que l'enfant eſt dehors.

De l'enfant accreu dans le ventre.

Les grains de la fleur du tillet y proffitent
beaucoup : i'entends de ceux qui ſont cteus ſur
le pied de la fueille, à cauſe de la ſignature :
toutesfois il faut notter qu'ils doiuent eſtre
cueillis le iour de la decollation de S. Iean :

pour

pour ce qu'eſt de l'vſage, il en faut donner cinq grains à la femme enceinte, ayant au preallable ietté l'eſcorce exterieure.

Des malefices.

Toute ſorte d'herbes ſortans par la fente, ou trou naturel de quelque pierre, y apportent beaucoup de ſoulagement.

De l'hernie ou rupture.

Pour cette maladie on a couſtume de ſe ſeruir des racines

    d'Arum.

    Perfoliatum, percefueille.

    Herniaria.

    Et du Telephium.

Outre leſquelles racines les fueilles du freſne en portent encor la ſignature; auſſi l'huille extraict d'icelles ou du bois meſme, y ſert fort efficacement.

Au mois de May ſortent quelques yeſſies aux fueilles d'orme, pleines d'humeur, leſquelles y portent vn grand ſoulagement.

Ces petites pômes encore leſquelles croiſſent ſur les fueilles des cheſnes au mois de May, miſes dans vn verre, & reduittes de ſoy en liqueur au ſoleil, y proffitent encor grandement, pourueu que l'on continuë l'inopⴰ ction de ladicte liqueur.

Quant à la ſignature naturellement magique, il faut obſeruer que tous les animaux, leſquels ſe peuuent allonger & r'accourcir, quãd bon ieur ſemble, y ſont grandement proffitables.

Le muſeau ou cornet de l'Elephant, n'a pas
moins

moins de pouuoir enuers ladicte maladie,
estant calciné & puis appliqué dessus.

La tortuë y peut encore beaucoup, estant
calcinée comme le reste.

L'hirundo spinosa distillée ou bruslée, puis
mise en cendres, faict aussi des mesmes effects
pour les ruptures. Il y a des rompus lesquels
sont guaris par la seule inonction de l'huille
faict de l'hirundo spinosa.

De l'hemorrhagie.

La decoction du sandal rouge faicte auec le
vin, arreste incontinent le flux de sang.

La racine de tourmentille a les mesmes proprietez.

La pierre hematites, coroneolus, sarde, &
les coraux, mis & enclos dans la main, arre-
stent encor le sang.

La sixiéme espece du geranium, laquelle a
la racine rouge, est aussi admirable pour arrester le flux de sang.

Le chalcanthum bruslé se rend de couleur
sanguine, & a la vertu d'arrester le flux qui
prouient de la veine du cerueau, ou de la poi-
ctrine.

L'anagallis masle de couleur sanguine, estāt
pressé dans la main iusques à ce qu'il soit es-
chauffé, arreste le sang, voire mesme quand la
veine seroit coupée.

Des hemorrhoïdes.

Toutes sortes d'herbes ou plantes veluës,
ou ayans les fueilles comme cottonées, sont
propres pour les hemorrhoïdes, d'autāt qu'elles abhorrent tout ce qui est aspre & rude.

Les

Les fueilles du verbascum, ou tapsus barba-
tus, mises en decoction , seruent grandement
pour la cure de ladicte maladie.

L'œil ou bourgeó du peuplier maceré auec
huile d'olif y est aussi admirable , mesmes sa
semence de couleur sanguine, represente naïfuement les fesses.

L'herbe appellée pied de lieure mise en decoction y faict aussi des merueilles.

Le mesme faict l'herbe appellée scrofularia.

L'Aron minus a les mesmes vertus que les
autres pour ladicte maladie.

La decoction faicte de l'herbe appellée
queuë de loup, y est admirable.

De l'hydropisie.

La racine du bryonia porte la signature &
ressemblance des pieds de l'hydropique, à raison dequoy l'extraict d'icelle faict sortir les
eaux des hydropiques.

La racine appellée Mechoacan a les mesmes proprietez.

L'herbe appellée dentaria , dentelée, porte
encore la signature du cœur hydropique , &
enflé: aussi y proffite-elle beaucoup.

La mouëlle du bois de suyer sortie , laisse
son vestige caue, de mesme que nous voyons
aux pieds des hydropiques ; c'est pourquoy
son suc y est fort excellét, de mesme que l'eau
distillée des champignons , lesquels viennent
au pied du suyer.

Les pesches ont encore la signature ou physiognomie de l'hydropisie , à raison dequoy
les fueilles & fleurs de peschier auec les noyaux

yaux de pesches seiches,& puluerisés, & puis
donnés en deuë quantité , purgent grandement les tumeurs de l'hydropisie.

De l'isterie.

La chelidoine & le saffran y proffitent à
cause de la ressemblance en couleur, encor la
racine du curcuma, le mesme font

La centauree.

Les poulx.

Et les escarbots iaunes.

La peau interieure & iaune de l'herbe appellée oxyacantha,faict le mesme.

La peau verte qui est au milieu du bois , &
de l'escorce externe du suyer.

La pierre iaune que l'on treuue dans le fiel
d'vn bœuf,guerit aussi la mesme maladie.

La racine de l'anchusa ou orcauette de couleur rouge,& amere en saueur , mise en decoction y sert de beaucoup.

Le poisson qu'on appelle tanche mis en vie
sur le nombril, iusques à ce qu'il soit mort , y
apporte aussi vn grand soulagement.

Les fleurs printanieres , qu'on appelle pri-
mula veris,y sont grandement proffitables , si
on en prend demy drachme durant quelque
temps,le matin auant que manger.

Des lentilles.

L'escorce du bouleau tachetée des macules blanches,semblables quasi au plumage d'vn
estourneau,oste les macules & lentilles du vi-
sage.

Les fleurs du sambuc ou suyer mises en decoction ont la mesme vertu.

De

De la lepre.

Les fraises ont la signature de la lepre, à raison dequoy l'eau tirée d'icelles par distillation rend la face du lepreux pasle, laquelle à cause du mal a coustume d'estre rougeastre; notte neantmoins que ce n'est pas tout d'en lauer les macules : car il en faut encor boire: pour tesmoignage de cecy voy Raymond Lulle, lequel faict grand estat de l'vsage des fraises macerées auec esprit de vin pour la lepre.

En sō liure de quinta essētia.

Les viperes sont aussi fort recommandables pour les lepreux; pourueu que la chair en soit bien preparée.

Des vers.

Ces legumes que l'on appelle communement vesces, ont la signature des vers, aussi la decoction faicte d'icelles, sert grandement pour les faire sortir hors du corps.

Dans le concaue interieur des roses canines, ou roses de chien, se treuuent quelques fois de petites tignes blanches encloses, desquelles plusieurs se seruent pour chasser les vers, estans mises en poudre, puis beuës dans d'eau ou du vin, ou quelque liqueur que ce soit.

Des menstrues rouges.

Pour la superfluité des menstrues, il faut vser de l'artemise rouge: car c'est vne herbe admirable pour arrester le desbordement des mois.

Des membres corrompus.

Le saule ne porte aucune semence, ains vne branche coupée, quoy qu'elle soit quasi seiche,

che, puis fichée en terre prend librement racine, ce qui nous monstre que sa vertu est fort grande: donc pour les membres quasi corrompus, il faut faire vn bain de la decoction dudict bois, car il y ayde grandement, & au profit & vtilité du patient.

Des macules.

Les aulx.

L'Arum.

Le dracontium.

Le persicaire.

L'hirundinaria minor.

Et toutes les plantes maculées, à cause de leur signature, effacent les macules du corps humain.

Des nœuds ou verruës.

La mercurialle auec ses nœuds mise en decoction auec la mechoaca oste tout à faict les verrues.

De la prunelle ou goitre.

Le sel armoniac & sa liqueur distillée auec le suc du stratiotes d'eau, est vn medicament admirable pour ceste infirmité: car il attire le realgar tartarique sublimé adherant au gousier, lequel rend la langue noire.

Les fleurs de l'herbe appellée brunella representent le gousier par leur forme, aussi se rendent-elles recommandables pour ceste maladie.

Des poincts des costez.

Le chardon benist contient en soy la vraye cure des pleuresies.

Le chardon Mariæ distillé & mis en decoction

ction a les mesmes proprietez.

L'herbe appellée langue de cheual, porte
ses fueilles differentes, chose laquelle monstre les merueilles de la nature, les vnes sont
fort aiguës, les autres non, & celles lesquelles sont les plus aiguës, sons grandement pro-
fitables pour le mal des costez.

Quant aux points, lesquels arriuent par
tout le corps, il faut prendre l'osciculum ou
la machoire d'vn brochet, & la mettre en
poudre, puis la donner à boire au malade, &
à l'instant il se sentira allegé & guery.

L'herbe appellée consolida regalis, laquelle pour l'ordinaire ne porte que trois, ou neuf
fleurs, y est grandement proffitable.

Des apprehensions ou fantosmes.

Les petits filaments ou veines, lesquelles
sont sur la fueille de l'hypericon, ou mille
pertuis, cueillies en certain temps, & auec
methode chassent tous les fantosmes, ou esprits fantastiques des hommes, & c'est sans
aucune superstition, & de fait le nom Grec
ὑπὲρ ἐικόνας, denote qu'elles ont puissance
sur les spectres, aussi l'herbe s'appelle fuitte
des demons, selon aucuns, à raison dequoy
Raymond Lulle tres-expert philosophe, dict
fort bien que la fumée de la semence de ladite herbe chasse mesme les demons, lesquels ont accoustumé de bruire dans les maisons.

Petrus Neapolitain asseure encor que ceux,
qui sont possedez par les demons ne peuuent
sentir, approcher, moins encore porter sur
eux

eux ladicte herbe : car comme le foleil celefte
chaffe tous les mauuais efprits, lefquels ont
couftume de fe refiouyr parmy le filence af-
freux des tenebres ; de mefme l'hypericon,
herbe principale outre toutes les folaires, appellé foleil terreftre par Paracelfe, a efté remarqué par luy-mefme auoir la mefme puiffance que le foleil.

La ruë encore à caufe de la forme de fa
graine: car elle eft faicte en forme de croix.

Encor la croix naturelle de la femence du
geneure, & principallement les groffes, lefquelles femblent prefque d'auelaines; telles
que i'en ay veu au bord de la mer tyrrhène
aux champs de Naples, & de faict l'experience
monftre, qu'elles proffitét grandement à ceux
lefquels font poffedés par les malings efprits.

L'herbe appellée Anthirrinum fert auffi
pour les enchantemens ou phantofmes, & fa
femence reprefente le teft d'vn mort.

Du Panaris.

L'Angelique ou Archangelique, & l'ortie
blanche en portent l'entiere fignature ; c'eft
pourquoy brifées & appofées deffus tuent incontinent le panaris.

De la Pefte.

Le crapaut, les coquilles, & grenouilles, mifes fur le mal attirent tout le venin, mefmes
celuy qui les porte fur foy en eft exempt, remarque que les fignes de la pefte future fe
voyent & cognoiffent aux langues des grenouilles, parce qu'elles font toutes maculées
& tachetées : prens toy garde auffi que lors

E e e   que

que tu verras vn nombre de grenouilles ensemble , lesquelles se monteront les vnes sur
les autres ; c'est vn signe tres-asseuré, qu'autant qu'il y aura de ces grenouilles se cheuau-
chant , autant enterrera-on de corps pour ladicte maladie.

Le saphir porte la signature de l'anthrax,&
du charbon,& ie croy que personne n'ignore
qu'il serue beaucoup à ceste maladie , quoy
que le lezard y aye beaucoup de pouuoir.

La germandrée auec sa pomme ronde porte encor la signature de la peste , à raison dequoy ceux lesquels en sont atteints doiuent
mascher ladicte herbe tous les iours ; notte
qu'il faut qu'elle soit venuë au mesme climat
que le malade est,& tant plus proche du malade elle sera , tant meilleure sera elle aussi
pour sa santé.

Les galés ou noisettes lesquelles viennent
aux chesnes, ont la mesme proprieté, ausquelles toutesfois l'aage ne faict rien : car elles sont
aussi bonnes vieilles que nouuelles , pourueu
qu'elles soient appliquées sur le mal.

Les noisettes machées ont encor la proprieté d'attirer le venin de ladicte maladie.

De la Gonorrhee.

L'ortie morte,& le Galeopsis mis en decoction,sont grandement recommandez par Car-
rictherus en ceste maladie.

Des escroüelles.

L'vn & l'autre scrofularia , c'est à dire les
deux especes , le masle & la femelle y sont
grandement proffitables.

Le

Le petit fcrofularia ou chelidonium minus,
la racine duquel femble vn petit amas de
grains de froment, y proffite autant que chofe que ce foit.

De la fquinancie.

Les fruicts du meurier en portent la fignature , à raifon dequoy le gargarifme faict du
fuc des meures & des fueilles du meurier y
font des merueilles.

De la gale du corps & des pieds.

Pour ce qui eft de la gale fufdicte on peut
faire vn medicament admirable , fçauoir des
arboufes, que l'on nomme en Prouence d'er-
boufes, c'eft vn fruict lequel vient pour l'ordi-
dinaire aux forefts , en vn arbre , lequel a la
fueille femblable au laurier, le fruict eft rond,
faict comme vn herifson, lors qu'il eft plié; de
ce fruict on s'en fert auec la maffe morte du
vitriol, fon yfage eft toufiours par le dehors.

La fcabieufe auec fes petits gobelets , lefquels viennent à la cime de la plante , eft encore fort propre pour ladicte gale, de laquelle
elle porte la fignature ; outre ce la decoction
faicte du pelipodium, y eft fort vtile, & c'eft à
caufe de fa fignature.

Des efcailles de la peau.

La vigne & tous autres arbres portans côme raifins, lefquels toutesfois laiffent leur ef-
corce , font grandement propres pour faire
perdre ces efcailles , lefquelles viennent au
corps.

Quant aux efcailles lefquelles viennent à
la tefte, on fe doit feruir de la feugiere.

Des escailles des pieds.

Les escailles du fer ont la signature de celles lesquelles suruiennent aux pieds, ou aux
leures : car comme ceste escorce est poussée à
la superficie par la chaleur, de mesme par l'art
de la nature la separation des excrements des
mineraux se faict au corps de l'homme, à raison dequoy le crocus Martis, & l'huille de
Mars proffitent beaucoup en tels accidents.

Du spasme.

Les limaçons blancs ont vne certaine pierre, laquelle exhibée sert grandement à ceux
lesquels sont subiects à telle maladie.

Le iarret d'vn lieure a les mesmes effects
que la pierre du limaçon pour la susdicte maladie.

Des apostumes venans à la gorge.

La racine du gladiolus a certaines bosses,
lesquelles seruent grandement pour guerir ladicte maladie.

La racine de l'herbe appellée scrofularia y
est encor grandement propre à cause de sa signature : car elle est toute garnie de petittes
bosses, lesquelles representent naïfuement ces
apostumes : aussi sert-elle auec vn grand contentement pour la guerison des vlceres stru-
meux prouenans d'vne humeur froide : car
elle les r'amollit auec vn grand soulagement
du malade, outre le contentement du medecin.

Le figuier y est encor fort vtile, à cause de
la similitude qu'il a auec ces bosses strumeuses.

L'Espon

L'esponge marine est encor-doüée des mesmes vertus que les Plantes susdictes.

La racine bossue du flambier oste encor les susdictes bosses, à cause de sa signature.

Les modernes se seruent encor de la racine de l'herbe appellée scrofularia minor, laquelle semble estre vn amas de grains de froment, comme i'ay desia dict:toutesfois il se faut prendre garde de ne se seruir que de trois ou quatre desdictes bosses, & sont celles lesquelles sont faictes en long,& non les autres rondes; la raison pourquoy ie l'asseure, c'est que moy-mesme en ay voulu faire l'experience.

Le sel ongarique ou autrement transyluain,est fait en grumes à la façon de ces bosses strumeuses, l'vsage duquel(aussi bien que du sel des perles)est fort recommandable,selon l'opinion & experience de Paracelse,pour ladicte maladie.

Des meurtrisseures ou contusions.

Pour les meurtrisseures ou contusions,il se faut seruir du persicaire maculé,lequel a ceste proprieté particuliere de les oster tout à l'instant.

Le chelidonium minüs faict les mesmes effects à cause de sa signature : car meslé auec quelques onguents, desquels on puisse faire liniment, oste non seulement les tumeurs & meurtrisseures, ains encor les macules ou cicatrices externes,on le peut encor accommoder auec le vin,le maceràt fort & ferme,pour faire sortir le sang qui seroit figé dàs le corps:

car il opere en ce cas quaſi miraculeuſement.

Du tartre au ventricule.

Le caſſutha ou cuſcuta en porte la ſignature, à raiſon de laquelle mis en decoction, y eſt
grandement proffitable.

De la retention de l'vrine.

Pour la retention d'vrine il faut faire ſei-
cher la moüelle, laquelle eſt dans la concauité
du calamus anſerinus, & puis le broyer &
meſler auec le vin, & le boire, & aſſeurement
fera piſſer tout à l'inſtant celuy qui aura beu
ledict vin.

Le boyau argentin qui ſe treuue au ventre
des harás, lequel le vulgaire des peſcheurs appelle l'ame des harans, puueriſé & exhibé
auec vin, fait tout auſſi toſt ſortir l'vrine rete-
nuë. ### Du venin.

L'herbe appellée ſyderica, & le dracontium
minus, ont la figure d'vn ſerpent à chaſque
fueille, d'où nous colligeons que la decoction
faicte d'iceluy, eſt tres-efficace pour la morſu-
re des ſerpens.

L'herbe appellée dracunculus minor, par
vn miracle de nature ne ſort iamais hors de
terre qu'alors que les ſerpens commencent à
quitter leur ſejour ſouſterrain, & demeure
autant dedans la terre que les ſerpens meſmes, & de faict c'eſt choſe aſſeurée, que ſitoſt
que le dracunculus ſe perd, les ſerpens gai-
gnent les antres & cauernes ſouſterraines, &
ſe cachent ; ſi bien que la mere nature nous
à voulu donner le remede auſſi toſt que le
mal, & le bouclier auſſi toſt que l'ennemy.

Pour

Pour la morsure des viperes on se peut encore seruir de la bistorte, de la serpentaire, & de la couleuurée.

L'herbe appellée ophioglosson ou langue de serpent, a tiré son nom de sa figure: car elle est faicte de la mesme façon, que la langue d'vn serpent, qui a enuie de blesser quelqu'vn.

Parmy les especes des aulx, l'ophioscorodon porte la signature des serpens.

En fin toutes plantes lesquelles ressemblent à la despouille maculée du serpent, ou à la diuersité des couleurs du vipere, ou qu'en fin ont la figure des serpens en quelle façon que ce soit, sont propres contre la morsure desdicts animaux.

Des verruës.

Les verruës sont gueries auec le nœud du tuyau du froment, quelqu'vn s'en pourra estonner: mais ie veux qu'il sçache que la cure est aymantine ou magnetique, que l'on dict ordinairement: car il faut tant seulement toucher les verruës, & puis ietter ces tuyaux au fumier: car lors que le tuyau pourrira, les verruës se perdront insensiblement.

Des playes

Le sapena qui vient au bord des eaux, ou l'hydropiper, lequel vient dans les lieux humides & marescageux, portant des maculés sanguines sur les fueilles, sert grandement à tous les symptomes, lesquels peuuent arriuer aux playes recentes; le mesme faict le persicaire au pied rouge, & de faict Paracelse appelle le

Eee 4 persi

perficaire, Mercure terreſtre ; aſſeurant qu'il contient en ſoy l'influence carnale, ou l'attractif influent ne plus ne moins que le ſoleil & les autres aſtres : car les ſuperieurs attirent des inferieurs, & les inferieurs des ſuperieurs; en fin les fueilles d'iceluy ont la ſignaturé des gouttes de ſang.

Les fueilles d'hypericon, ou mille pertuis ſont fort bonnes pour toutes les bleſſeures de la peau, tant internes qu'externes ; & d'autant que les fleurs putrefiées deuiennent rouges comme ſang, elles proffitent auſſi grandement pour les playes.

L'herbe appellée mille fueilles, & la betoine, ont les meſmes proprietez que la ſuſdicte.

L'herbe appellée gentianella, autrement cruciata, laquelle a les racines percées en croix, ſert auſſi grandement pour les bleſſeures.

L'Aſcyrum qui eſt vne eſpece d'hypericon, faict les meſmes effects que les ſuſdictes herbes pour ce qui eſt des bleſſeures.

L'orme a encor des fueilles naturellement percées, leſquelles monſtrent la ſignature des playes: En fin toutes les plantes leſquelles naturellement ont les fueilles percées, ſont propres pour les playes.

LES MEDICAMENTS
lesquels seruent à cause de leur signature.

CY deuant nous auons traitté de la signature des plantes , & des maladies,
lesquelles par certaine sympathie guerissent
les maladies & infirmitez, ausquelles elles
sont appropriées, & desquelles elles portent
la signature. Il faut donc maintenant noter
qu'il se treuue encor quelques medicaments,
lesquels peuuent beaucoup apporter de profit & soulagement au corps humain , à cause
de la signature, ou similitude qu'ils ont auec
lesdites infirmitez. C'est pourquoy le Philosophe n'a pas mauuaise raison de dire que le
semblable agit à son semblable.

Or donc venons premierement à l'arsenic,
lequel est grandement propre aux vlceres ar-
senicalles, selon que nous enseigne Paracelse:
car l'arsenic a tout son venin ramassé comme
en bloc.

L'aconit auec vin chaud est fort vtile à
ceux lesquels ont esté mordus des viperes, ou
autres animaux semblables en venin, comme
l'experience l'a fort bien faict voir: aussi tous
les doctes medecins m'accordent que les venins sont pour l'ordinaire venins aux choses
veneneuses. *Venena ve-*
nenatis sunt
venena.

Le boletus ceruinus est vn certain poti-
ron,

ron, lequel est fait de la semence genitalle d'vn cerf, lors qu'il est en chaleur; aussi s'en sert on pour l'ordinaire aux actions veneriennes.

Les escarbots appellez en latin cancer, lesquels ont vn gros ventre : mis en decoction auec miel, sont grandement vtiles aux carciuones, lesquels viennent aux parties superieures, & font les mesmes effects pour les mules, lesquelles viennent aux talons, ie n'oublie pas les escreuices bruslez, lesquels ont la mesme proprieté & vertu, & principallement pour la cure des chancres, pour lesquels guerir il faut attacher vn desdits animaux contre la playe, iusques à ce qu'il soit mort, & l'on verra les effects.

La poudre faite du cœur d'vne perdrix, oste & guerit le mal de cœur, appellé cardiarge.

Si l'on veut prendre la peine de distiller les cheueux d'vn homme, on verra sortir vn suc, lequel proffite grandement pour ceux lesquels ont enuie d'auoir les cheueux longs, faisant souuent inonction dudit suc.

Le cerueau d'vn pourceau proffite grandement aux phrenetiques : ceux encor lesquels ont perdu leur memoire peuuent souuent manger des ceruelles de pourceau, pourueu qu'elles soient aromatisées auec myrrhe & canelle, d'autant que cela ayde fort à reconurer la memoire.

Le cœur d'vn de ces petits oyseaux lesquels vont au bord de l'eau remüant tousiours la

queuë

queuë appellé en latin motacilla , eſtant ſec
& pendu au col , ſert grandement pour ceux
leſquels ont le cœur gelé.

L'eſſence preparée des os du cœur de cerf
corrobore merueilleuſement bien le cœur
humain & reſiſte aux ſyncopes & deffaut de
cœur prouenans de cardiarge.

Ceſte petite particule , laquelle tombe du
nombril des enfans , miſe dans vn petit reliquaire d'argent , & portée proffite grandement à ceux leſquels ont des douleurs pic-
quantes à la verge , i'en ſuis certain par
l'experience que pluſieurs perſonnes en ont
fait.

Le crane d'vn homme ſert grandement
pour l'epilepſie à vn autre homme , & celuy
d'vne femme proffite auſſi pour vne autre
femme : notte qu'il faut prendre la partie interieure, & non la poſterieure,& puis l'appliquer deſſus le chef epileptique.

Le ſuc de ces concombres ſauuages , lequel
ſert au moindre maniment que l'on en fait,
eſtant coagulé ſert grandement pour l'expul-
ſion & purgation des humeurs ſereuſes du
corps humain.

En la dyſenterie l'on ſe ſert ordinairemét
de ceſte moüelle blanche qui eſt aux joinctu-
res des perrieres ou fondrieres , laquelle le
vulgaire appelle le foye des pierres.

Pour l'epilepſie on a couſtume de ſe ſeruir
de l'ongle du pied dextre de ceſt animal, que
les latins appellent Alcés, lequel ſe treuue en
la Gaule tranſalpine, & de l'hirondelle, l'vſage

ge est tel, il faut auoir vn reliquaire dãs lequel on enclost ladite ongle dextre : Ie dis la dextre, d'autant que lors que cest animal sent arriuer le paroxysme il la met dans l'oreille, & par ce moyen il s'en desliure ; pour ce qui est de l'hirondelle, on en tire l'eau appellée antiepileptica, laquelle y fait des merueilles.

Pour le mal d'enfant on peut prendre vne despoüille de serpent & en faire vne ceinture à la femme qui est à la peine, il faut neantmoins que ladite ceinture touche la chair, & l'on verra que cela luy aydera, & donnera vn grand allegement à la peine qu'elle auroit autrement.

Le rheubarbe purge la flaue bile à cause de la similitude qu'il a auec elle.

Les potirons aux plaines de Naples proche la ville de Soma, lesquels sortent parmy les cailloux, sechez & mis en poudre, puis prins soir & matin en eau appropriée font sortir le calcul en forme de farine, & par ainsi le diminuent peu à peu, la dose est de demy drachme à chaïque fois.

Le gladiolus pilé sert pour attirer les espines à cause de sa signature.

Ces petits globes, que les escarbots font en esté seruent grandement pour attirer les balles de mousquet, lesquelles sont demeurées au corps, pourueu qu'elles soient appliquées sur l'entrée de la balle de plomb.

Les escarbots, lesquels se vont veautrant & cachant dans la fiente de cheual, braslez & mis en poudre, seruent heureusement pour

la

la guerison des hemorrhoïdes.

Si l'on iette vne personne dans l'eau sans qu'elle y prenne garde, elle est à l'instant guerie de l'hydrophobie, laquelle ne prouient que de peur, & de mesme qu'vn clou pousse & chasse l'autre, aussi fait ledit acte : car par le moyen de ceste peur l'autre est dechassée.

Le cœur d'vn loup sert aussi grandement pour les infirmitez du cœur humain.

La semence de l'herbe appellée langue de bouc, ou echium, sert fort heureusement contre la morsure des viperes & autres serpens, & de fait l'on l'espreuue en ce cas estre vn vray medicament prophylactique.

Les vers, tant de terre, que ceux du corps humain seruent d'antidote pour les enfans, ou grandes personnes, lesquelles sont tourmentées des vers, il faut que ceux desquels on se veut seruir soient secs, & puis les mettre en poudre, de laquelle on fait prendre auec du laict de cheure : car sans doute elle tuë & chasse hors ceux lesquels sont dans le ventricule humain.

Si on attache vn ver autour du panaris, le laissant là l'espace de vingt-quatre heures, il fait mourir le panaris sans aucune difficulté ny douleur.

Les loups des iambes se guerissent pour l'ordinaire auec des onguens faicts de chair & gresse de loup.

La poudre faite de la matiere d'vne poulle puis iettée dans le col de la matrice d'yne
femme

femme desseiche son flux, & de sterille la réd
fertille, ostant les obstacles, lesquels pourroient estre là, & par ce moyen elle ayde
grandement à la conception d'icelle.

Pour les fentes & creuasses, lesquelles
arriuent souuent aux mammelles des femmes, il se faut seruir de ceste humeur vis-
queuse des mammelles des vaches, & en faire
inonction dessus le mal.

Les meûres du meurier rouge mises en
poudre auec les fueilles guerissent les bou-
tons, lesquels viennent au fondement, ou
bien dans le scrotum, ou caillette de la bourse des genitoires.

L'humeur chrystallin des yeux d'vn bœuf
distillé, guérit de toutes les incommoditez,
lesquelles peuuuent arriuer aux yeux de
l'homme.

La decoction faicte de la peau des pieds
d'oye, auec artemise, proffite beaucoup pour
les tignes, lesquelles viennent aux pieds & aux
mains, causées par le froid.

La verge génitalle d'vn taureau, & d'vn
cerf mangées, excitent grandement à luxure,
à cause de la chaleur extraordinaire de ces
animaux.

Pour arrester le desbordement menstrual
des femmes, il faut prendre trois ou quatre
gouttes dudit sang qu'elle rend, choisissant
toutesfois le plus clair, & le faire boire à ladite patiente, sans qu'elle en sçache rien, &
sans doute cela seul l'arrestera.

Le poulmon d'vn renard sert grandement
aux

aux affections des poulmons, estant mis en poudre & puis mangé.

Toute sorte d'animaux, lesquels ont la vertu renouatrice renouuellent aussi nostre corps, & nous maintiennent en ieunesse continuant d'en manger.

Pour arrester l'hemorrhagie, ou trop grāde perte de sang des playes, il faut prendre dudit sang & le faire vn peu chauffer, puis l'appliquer dessus la playe & l'on en verra vn admirable effect.

L'herbe appellée sagitralle croissant sur les bords des puits, sert grandement pour l'attraction des fers des sagettes, lesquelles sont demeurées dans le corps.

La racine de l'herbe appellée par les Espagnols scorzonera, porte la signature d'vn serpent, aussi sert-elle auec vn grand contentement pour la morsure d'iceux, comme nous auons desia dict au traicté de la signature des plantes.

Pour la squinancie & apostemes venāts à la bouche ou au gousier, il faut prendre vn serpent auec vn filet de lin, & le suffoquer, puis se seruir dudit filet.

Le mesme filet a des grands effects contre la sinonie, estant donné auec du pain.

Pour l'arriere-faix des femmes, il faut auoir de l'arriere-faix d'vne autre femme, & le rostir dans vn pot de terre apres qu'il a bien esté laué, puis en faire prendre demy drachme dás du ius de poulle, & sans aucune doute te l'arriere-faix (ou fecondine) fortira tout à l'inftant.

La peau de l'eftomach d'vn loup portée contre l'eftomach, eft grandement proffitable pour ceux lefquels ne peuuent digerer: le mefme pouuoir eft attribué aux peaux de vautour, & de cigne, accommodées par les peletiers.

La puanteur de l'efprit du tartre fert pour expulfer les putides humeurs du corps humain, & principalement en temps de pefte.

La racine nodeufe de l'herbe appellée tormentille, bien pilée, & puis appliquée fur les nœuds de la chair, les fait perdre en peu de temps.

Pour appaifer les douleurs de ventre, il faut porter vne ceinture du boyau d'vn loup, ou à deffaut du boyau porter fur foy de la fiente dudit animal.

Pour les tumeurs ou loupes, lefquelles croiffent au corps humain il fe faut feruir de la gomme des cerifiers, l'ayant diffoute auec bon vinaigre, puis l'appliquer deffus lefdires loupes.

Pour chaffer & faire perdre les taches lefquelles viennent pour l'ordinaire aux petits enfans, il faut faire decoction de la femence des lentilles, & en vfer.

Paracelfe fe fert du mot Eerch en Allemand.

Pour empefcher & faire euacuer les roulements de tefte appellez vertigo, felon l'art, il fe faut frotter le front de la graiffe de daim, ou de ferpent, & continuer quelque temps: à cela fert auffi grandement l'effence tierce

des

des cigoignes, lesquelles ont accoustumé de
voltiger long-temps en rond sans se troubler
aucunement.

Pour la conservation des esprits vitaux
en leur chaleur naturelle, il faut vser du
boyau argentin, qui est dans le corps des harans, lequel nous auons desia appellé ame
des harans, & l'on en verra des effects fort
beaux.

Pour les maladies de la vessie, il faut vser
des vessies de bœuf.

La vessie d'vn pourceau laquelle n'a encore
touché la terre, mise contre la verge prouoc-
que l'vrine.

La vessie d'vn mouton ou cheure bruslée,
& beuë apres retient l'vrine à ceux lesquels
ne la peuuent retenir.

La vessie du poisson que les latins appelliét
Carpio, sechée & mise en poudre, sert grandement pour les femmes blessées à l'enfante-
ment, lors qu'elles ne peuuent retenir leur
vrine.

Les raisins de renard, autrement aconitum salutiferum, portent la signature des
vessies noires, lesquelles viennent aux pieds, L'operation
aussi auec ladite herbe Phædro asseure qu'il est magneti-
a aussi bien gueris les vlceres desesperez, que que.
Paracelse auec le persicaire.

La membrane du ventricule d'vne poule
sert pour donner soulagement au ventricule
humain, lors qu'il est detraqué.

La ciuette chasse l'excrement qui cause la
colique.

{Fff   Des

DES MALADIES
veneneuses, lesquelles sont souuent
gueries par leur propre
antidote.

PREMIEREMENT l'aconit, duquel
nous auons desia parlé, sert pour la guerison des morsures viperines, ou autres serpents veneneux; il sert aussi pour les piqueu-
res des scorpions.

L'araigne cassée, & appliquée dessus la
morsure qu'elle a faict, la guerit incontinent.

Le miel guerit les picqueures des ab-
beilles.

La crapaudine trouuée dans la teste d'vn
crapaut guerit ses maladies.

La poudre de crapaut mise sur les morsures veneneuses, en attire le venin & les
guerit.

Ceux lesquels ont esté compissez d'vn crapaut, se doiuent seruir de la poudre de crapaut pour r'adoucir la partie.

Pour la morsure d'vn chien enragé, il se
faut premierement seruir du poil dudit chien,
le mettant & appliquant dessus la morsure,
puis en brusler, & le faire boire au patient
auec du vin, apres cela il faut auoir le cœur
dudit animal, & le brusler de mesme que le
poil,

poil, puis le faire manger audit patient, &
cela le defliurera, qu'il ne foit tenté par la
crainte de l'eau:on fe peut encore feruir pour
preferuatif de la dent dudict chien couuerte,
d'vne petite peau, & attachée au bras dudict
patient, qui a efté mordu.

La graiffe de crocodille, guerit les morfures du crocodille.

La morfure des fouris,fe guerit par la poudre du fouris mefme, ayant efté bruflée.

Le piffat d'vn fouris mange la chair, à raifon de fon venin, c'eft pourquoy, il faut mettre des cendres d'vn fouris bruflé fur la partie, auant qu'elle foit entamée.

L'os du cœur d'vn cerf, guerit le venin qui
eft à la queuë du cerf.

Le fain de ferpent eft encore tres-propre
pour les morfures des ferpens:l'on fe peut encor feruir de la tefte du ferpent caffée & mife
deffus le mal : outre ce le fiel du ferpent appliqué deffus y eft tres-bon.

Les efcorpions portent leur guerifon auffi
bien que les autres animaux, & de fait en
Prouéce l'on a couftume de caffer l'efcorpion
entre deux pierres & l'appliquer deffus la pi-
queure, & par ce moyen le mal s'en va d'où
il eft venu.

L'huille des efcorpions fert auffi grandement contre les picqueures dudit animal.

Et par ainfi les venins meflez ou redoublez
par vne certaine faculté contraire feruent de
remede l'vn à l'autre, il s'eft mefmes trouué
des medecins, lefquels fe font feruis des cra-

paurs

pauts peſtiferez contre la peſte, l'ayant au preallable ſeiché & mis en poudre,& puis exhibé ne plus ne moins que l'huille de ſcorpion pour les morſures ou picqueures dudict animal, ſi bien que par ces experiences l'on peut eſtre aſſeuré qu'vn venin ſert de remede contre vn autre venin.

Pour ce qui eſt des membres du corps leſquels ſont engourdis du froid,il ſe faut ſeruir d'eau de neige & lauer d'icelle la partie engourdie : car ſi l'eau freſche a le pouuoir de remettre vn œuf gelé, il n'y a point de repugnance que par vne meſme proprieté, elle ne puiſſe attirer le froid qui eſt enclos dans les membres,& incontinent les remettre en leur premiere vigueur, veu que le froid attire le froid.

Par meſme ou ſemblable moyen les membres chauds outre meſure, ſont remis en leur temperature ordinaire, par l'impoſition de l'eſprit du vin bien rectifié, lequel n'eſt que feu ou eſſence de ſoulphre, & par ainſi par vne force magnetique la chaleur eſt attirée par vne autre chaleur.

Nous auons cy-deuant dit combien la chiromancie eſtoit neceſſaire aux medecins : car par la cognoiſſance des lignes chiromantiques on peut ſçauoir & cognoiſtre les remedes neceſſaires aux malades.

Ceux leſquels ont la ligne architectique à la main ſont grandement ſujets à la colique, & pour l'ordinaire meurent d'icelle, à raiſon dequoy la ligne architectique, laquelle ſe

treuue

treuue aux herbes, est extremement bonne pour la colique.

De mesme la ligne anchora ou ancre, est la ligne de l'apoplexie, aussi l'achorus herbe doüé de ceste ligne, est le vray remede pour l'apoplexie.

LA CORRESPONDANCE
des signatures du grand au petit monde, c'est à dire du corps humain, & du monde.

Au monde

Microcosmique.	Macrocosmique.
La Physiognomie ou face.	La face du Ciel.
La Chiromancie ou main.	Les mineraux.
Le poulx.	Le mouuement celeste.
Le souffle.	Les vents de midy & d'Orient.
L'horreur du febricitant.	Les tremblements de terre.
La lienterie, Dysenterie & diarrhée.	Les pluyes.
Les torsions de colique,	Les tonnerres & vents forts.

Autant de sorte de vents qu'il y a au mondē, autant se treuue d'especes de coliques en l'homme.

La generatiõ de l'apoplexie est de mesme que celle de la foudre, & l'operation de l'vn & de l'autre, est admirable, les tonnerres monstrent la cause, matiere & origine du mal caduc.	Les esclairs en esté.	La difficulté d'vriner aux douleurs nephritiques.
	L'ecclipse ou la foudre.	L'Apoplexie.
	La seicheresse de la terre.	La seicheresse du corps humain.
	Les inondations.	L'hydropisie.
	La tempeste.	L'epilepsie.

Car telle qu'est la generation, ou cause generatrice de la tempeste, & du tonnerre au grand monde; telle est aussi de l'epilepsie au Microcosme ou petit monde, & tout ainsi que la tempeste trouble les sens animaux, cõme appert par le chant extraordinaire des poulets, ou autres oyseaux, ou par la forte picqueure des mousches; de mesme aussi se treuue aux epileptiques, lesquels ont tous les sens troublez.

PARALLELE.

Au Macrocosme ou grand monde.	Au Microcosme ou petit monde.
A l'arriuée de la tempeste se fait vn changement d'air & de temps.	A l'arriuée de l'apoplexie se fait vn changement de raison.
Les nuées se suiuent l'vne l'autre sans cesse.	Les yeux se rendent tous nebuleux & troublez.

La

Le vent furuient le-
quel demonftre
cefte enfleure.

Le ventre & la verge
naturelle s'enflent.

Le tonnerre efclatte
& fait fon coup.

La veffie fe rompt &
creue, & le corps
femble eftre tout
brifé.

Les efclairs femblent
fulminer.

Les yeux fe rendent
ardents & bril-
lants comme feu.

La pluye s'enfuit.

L'efcume fe void à la
bouche.

La foudre preffée par-
my les elements
en fin efclatte &
fait fon effect.

Les efprits enclos &
ferrez deffouz la
peau, la font ef-
clatter.

Le temps fe rend à la
fin ferain.

La raifon reuient au
malade.

Apres que les che-
mins ont efté lõg-
temps bourbeux &
difficiles, ils fe fei-
ehent à la venuë
du foleil & fe re-
mettent à leur
premier eftat.

Apres que l'apoplexie
a fait fes efforts,
l'homme retourne
à foy par le moyen
de la raifon, la-
quelle femble e-
ftre fon vray fo-
leil, chafque mem-
bre exerce fes fon-
ctions, & eft re-
mis à fon premier
eftat.

Tout ainfi comme les os font enclos &
entourez de la chair, lefquels font affem-
blez methodiquement, ne plus ne moins que

Aütant qu'il
y a d'efpeces
de bois au
monde, autãt
y a-il d'efpe-
l'or

l'or auquel ils ont correspondance.

De mesme façon aussi les mineraux sont methodiquement enclos dans la terre.

ces d'os au corps humain. La forme de toutes les membres humains se treuue aux vegetables, aux pierres, aux animaux, & aux mineraux.

L'homme se cognoist par la nature des animaux, desquels la premiere essence tire sa denomination d'où les Chaldéens ont tiré ces parolles, lors qu'ils disent que l'homme est vn animal de diuerse nature accompagnée d'inconstance.

Au Microcosme est la masse de la chair.	Au macrocosme la masse de la terre.
Les grandes veines sont signifiées par	Les grands fleuues.
La vessie receptacle des humiditez du corps.	La mer receptacle de toutes les eaux de la terre.
Les sept membres principaux en l'homme.	Les sept metaux dans les montagnes, ou sept planettes celestes.

Et tout ainsi comme les fleurs terrestres nous demonstrent la couleur des estoilles, lors que les prez sont en fleur, de mesme aussi les estoilles nous demonstrent vn pré celeste, quant aux fleurs lesquelles elles nous representent.

En fin il n'y a aucune chose au monde, la propriété de laquelle ne se treuue en l'homme, qui est le Microcosme, d'autant que Dieu Tout-puissant n'a pas voulu creer aucune creature plus noble, ny plus sage, que l'homme, parce qu'en iceluy se treuuent toutes les humeurs & premiers estres de tous les autres animaux, & par ainsi estant le blot de toutes les autres creatures, il se façonne soy-mesme, & transforme en toutes les façons, ainsi qu'vn Prothée, & comme dit tres bien le docte Picus Mirandulanus, que le Pere celeste

celefte a mis toute forte de femences en l'hôme naiffant, lefquelles cultiuées par chafcun
en fon particulier,& felon fa volonté,rendent
leur fruict au temps deu, fibien qu'eftant feulement vegetable , fera renduë femblable à
vne plante,fi fenfitif,à vn animal brute, fi rai-
fonnable , fe pourra rendre animal celefte , fi
intellectuelle,fera vn Ange ou le Fils de Dieu
mefme,que fi elle n'eft contente de la fortune
d'aucune des creatures , elle demeurera dans
le centre de fon vnité, femblable à l'efprit de
Dieu, parmy la fplendeur du pere celefte , lequel s'eft conftitué fur toutes chofes. Et de
faict le mefme Mirandulanus affeure,que non
feulement les brutes, ains encor les aftres , &
efprits celeftes portent enuie à la condition
de l'homme, quant aux hommes lunatiques
(comme l'on dict communement)negligeans
le patrimoine celefte,fe paiffent feulement du
fruict de leur propre fuperbe. Ceux-là, dif-ie,
fe rendent feruiteurs & efclaues des aftres,
parce qu'ils permettent toutes chofes à leurs
fenfualitez (defquelles les fages tiennent
la bride en main) pourront librement dire
qu'ils obferuent les mœurs de leurs parents,
quant aux deffauts , comme nous dirons toft,
car il n'y a aucun homme tant iufte foit-il &
bon, auquel les femences malignes des aftres
ne foient imprimées:toutesfois par leurs bonnes prieres & courage , fupprimées , de peur
que venant à croiftre elles ne fe rendent trop
manifeftes. A la verité elles efclattent facilement aux mauuais , deftitués de la grace de
Dieu,

L'homme fa-
ge domine les
aftres. Ofee 2.
fect. 8. Iob.5.
fect.23.d'où a
efté tiré le pro
uerbe,ou nous
fommes , ou
auons efté,ou
pouuõs eftre.
en L'Ecclefia-
fte 7.fect.11.

Samuel 1.cha. 23.feĉ.6. & 7. L'hôme a vn pere Eternel, auquel il doit viure, & non pas felon l'e- prit animal, Dieu luy a dôné vn corps animal, non à fin qu'il viue en iceluy, mais feulement af fin qu'il y ha- bite pour quel que temps.

Dieu, à raifon dequoy Dauid s'efcrioit & fa- fchoit de la malice des hommes, rendant par apres graces à fon Seigneur ; de ce qu'il luy auoit donné le pouuoir de fuffoquer en foy cefte femence maligne au commencement de fon germe ; les Aftronomes n'ont aucune cognoiffance de Iefus-Chrift, ny des Apoftres: car les aftres n'ont aucune domination fur ceux lefquels croyent fermement apres eftre regenerés, d'autant qu'ils font maiftres & fei- gneurs du firmament & des fept efprits d'ice- luy, lefquels ne font autre chofe que les aftres, du nom defquels le Sauueur Iefus-Chrift fe feruit apres qu'ils les eut regenerez, les ap- pellant lumiere du monde, fel de la terre. Ie ne me foucie pas que Paracelfe die, que tout in- continent l'homme eft abbruti, d'autant que cela eft vray, lors qu'il vit felon fes appetits brutaux, ce qu'eftant il merite de porter le nom de brute : mais au contraire ceux lef- quels viuent humainement, ayans la raifon pour guide en toutes leurs actions, doiuent eftre appellés hommes, nom admirable : le- quel neantmoins Iefus-Chrift defnia à Hero- de, l'appellant Renard, felon le fidelle rapport de fainĉt Luc, au chapitre 13. fection 32.

D'où les hommes ont prins leurs signatures.

PRemierement les hommes hardis & cou-
rageux tiennent leur signature du Lyon
& de l'Aigle.

L'amour ay-
me son sem-
blable.

Les fidelles amis des dauphins, la fidelité
desquels enuers les hommes est assez cogneuë
& descripte parmy les histoires tant ancien-
nes que modernes.

Le signe d'vne amitié constante est cogneu
au porceau, lequel groignant pour quelque
blesseure, ou autrement, il excite tous les autres à faire le mesme ; chose laquelle n'arriue
pas parmy les chiens, veu que tout incontinent les autres se bandent contre celuy lequel a esté blessé, côme estant le plus foible.

Les vrays & constans amis sont encor representés par la lierre, laquelle (apres sa mort)
ne laisse de serrer & embrasser l'arbre auec
lequel elle a esté nourrie & esleuée.

Les amis frauduleux & hypocrites nous
sont fort bien signifiez par les crocodilles,
lesquels sous feinte de pleurer, deçoiuent
ceux lesquels pitoyables s'acheminent à leur
secours.

Les amis de Cour inconstans & legers lesquels ne sont amis que pendant la faueur de
la fortune, sont representez par les oyseaux
passagers, lesquels nous quittent si tost que
l'hyuer commence à se faire sentir.

Les

Les peripatetiques ou fongeards, font fort bien exprimez par la corneille, laquelle ne fe plaift que parmy la folitude ; & de faict nous les voyons pour l'ordinaire pourmener feules fur le bord de quelque riuiere.

Les flateurs par les chats & chiens,lefquels ne fçauent careffer que de la queuë.

Les adulteres, par le poiffon que Pline appelle Sargo,lequel fortant de la mer tue fa femelle,efpris du fale amour des cheures , voicy ce qu'en dict Oppian ;

" *Le fargos defdaignant les trouppes maritimes*
" *Court d'vn humide pied les cheures aux collines.*

Iob.chap.39. Les chaftes font depeints par le Monó-
fe&.19.voyPa- ceros , à raifon dequoy la fage antiquité
racelfe en fon l'a depeint baiffant la tefte en la prefence de
Aroth. la Vierge MARIE.

Les impies & cruels font monftrés par la lyonne.

Les defefperés lefquels fe portent dommage à eux-mefmes,font demoftrés par les tourdres, la fiente defquels fert de glus pour les prendre.

Pfal.147.fe&. Les pieux & deuots par les pouffins des
9. Iob. chap. corbeaux,& encor par les allouëttes, lefquel-
39.fe&.3. les apres leur repas, femblent chanter & rendre action de graces au ciel par la frequence de leur tire-lire. Les elephans auffi nous enfeignent la deuotion en leur falutation folaireitoutesfois en iceux fe treuue vn effect contraire à la deuotion:car ils nous reprefentent encor les defefperés fe tuans. d'eux-mefmes
                                          fitoft

fitoft qu'ils fentent que le dragon commence
d'affouuir fa gloutonne foif de leur fang.

Les difciples dociles,& de bon efprit nous
font reprefentez par les finges, perroquets, &
elephans encore, tefmoing celuy d'Augufte;
qui fe leuoit la nuict(pendant que fes compagnons eftoient affoupis du fommeil) pour
exercer fa leçon que fon maiftre luy auoit
donné le iour mefme.

Les difciples indociles par les afnes & les
moutons.

Les vagabonds & diffolus par les fangliers.

Les niais & de pafte molle (comme l'on
dict)par les brebis.

Les fuperbes & mefchans par les tigres.

Les femmes fertiles, par les lapins lefquels
portent tous les mois de l'an.

Les larrós par les corbeaux & eftourneaux.

Les pleurards à trifte mine, par les colombes & tourterelles.

Les furieux & horribles par les auftruches.

Les falles & immondes par le pourceau.

Les importuns & impudents,par les mouf-
ches lefquelles on ne peut aucunement def-
chaffer de foy.

Les detracteurs,par les chiens, lefquels ne
font autre chofe, que clabauder apres les
hommes.

Les rebelles & defobeyffans,par le roitelet.

Les ingrats, par le cocu.

Les incorrigibles & glorieux, par le taureau.

Les ennemis mefdifans, par les ferpens,
d'autant

d'autant que cet animal n'a autre deffence
que de la gorge.

Les cyniques, lesquels ne treuuent rien à
leur goust se faschant de tous amateurs de la
solitude, par l'anguille, laquelle ne communi-
que auec aucun autre poisson que ce soit, ains
demeure tousiours retirée & seule. Le mesme
faict le hibou parmy les autres oyseaux.

Les choleriques & esmeus au moindre vet,
par les cocqs d'Inde, lesquels ne se sçauent
bouffir que de cholere.

Les larron, par les ours.

Les pleurards encore, par la vigne coupée.

Les paillards & luxurieux, par les moi-
neaux.

Les liberaux par les poulets, lesquels la nature a principalement produits pour exciter
& resueiller les hommes.

Les babillards, par les perroquets, estour-
neaux, pies, chucas, & geays, lesquels imitent
de bien prés la parolle des hommes, d'où est
venu ce distique.

> La pie cacquetteuse n'est iamais en repos,
> Ains des hommes tousiours va disant les
>   propos.

Les luxurieux & fors en amour, par les lapins,
& par le poisson appellé, par quelques-vns
denté, & par d'autres sargo.

> Qui parmy les poissons plus doux
> Espris d'vne amoureuse rage,
> Se paist des herbes au riuage,
> Et donne la frayeur à tous.

Ceux lesquels fuyent la lumiere, par les chats-
huants

huants, & chauue-souris, oyseaux nocturnes
ennemis de la lumiere.

Les grands Potentats lesquels ne veulent
comparir personne pour compagnon, par le
taureau.

L'amour mutuel d'vn loyal mariage, par les
palombes, ou tourterelles, les plus chastes de
tous les oyseaux, & de faict c'est vne merueille de la nature de voir que ces petits animaux
soient tellement conioincts d'amitié, que le
masle n'oseroit iamais souiller le lict de sa
chere compagne, moins encore la femelle de
son mary; que si par hazard les femelles sur-
prennent le masle en adultere, se laissant porter aux impudiques amours d'vne lasciue femelle, elles les quittent à l'instant, & roulent
vagabondes d'vn costé & d'autre, demeurans
neantmoins à leur pure integrité, ie m'en rap-
porte à Ælianus, lequel asseure encore que les
colombes n'en font pas moins, veu qu'elles ne
permettent iamais que le masle s'amourache
d'vne autre femelle; & ne se separent qu'à la
mort, tant seulemét, laquelle les contrainct de
demeurer le reste de leurs iours en celibat;
belle doctrine pour ceux lesquels n'ont aucun
soing de leur partie. Outre ce estant aux peines de faire ses œufs, ce pauure animal y assi-
ste, & s'ayde de tout son pouuoir & industrie,
pour donner courage au desliurement à sa femelle. Que si par hazard le masle cognoist
quelque nonchalence à sa femelle, estant en
ces extremitez, il la bat de l'aisle, la sollicitant
d'entrer, affin que son fruict ne se gaste par ce
mayen

moyen ; non content , voyant qu'elle a faict
ses œufs, il la contrainct à les couuer de peur
de la corruption , estant luy-mesme soigneux
de les couuer à son tour ; comme s'il vouloit
dire, qu'il est bien raisonnable qu'il y demeure pour donner le loisir à la femelle d'aller vn
peu prendre d'air auec son pasturage. Quelques-vns ont remarqué que le masle couue
les œufs de iour , & la femelle de nuict , iusc-
ques à ce que la famine le contrainct de sortir. Qui sera celuy si desnaturé, lequel ne loüe-
ra cet amour si loyal, voire la femelle ne per-
mettra iamais que son pareil habite auec elle
qu'au preallable il ne l'aye baisée.

Les pacifiques , & benings par les ag-
gneaux.

Les malicieux par les hibous.

Les craintifs par le lieure.

Les melancholiques, & salles, par la huppe,
laquelle cherche les lieux plus solitaires des
forests pour loger la puanteur de son nid.

Les propres & glorieux par le chat , lequel
n'oseroit sortir en temps pluuieux, de peur de
se crotter la patte, outre qu'il prend peine à se
farder tous les iours.

Les muets par les poissons, à raison dequoy
les Pythagoriciens s'abstenoient du poisson,
selon le rapport d'Athenée, ἐχεμυθίας ἔνεκα.

Les musiciens par le rossignol & le char-
donneret, lesquels par le doux maniement de
leur voix , semblent charmer les oreilles des
escoutans , estans ceux d'entre les autres, lesquels ont le gazouil plus agreable ; mesmes
le

le rossignol se treuue seul, qui soit exempt du sommeil : car durant qu'il couue ses œufs, il passe les nuicts toutes entieres à chanter & fredonner.

Les femmes enragées ou endiablées (comme l'on dit) lesquelles n'ont autre contentement qu'à clabauder & caquetter, par les oyes & cannes, lesquelles ne cessent iamais de clabauder parmy leurs assemblées, les cigalles les demonstrent encor, lesquelles sont à la fin contrainctes de creuer par la trop grande continuité de criailler.

Les personnes de mauuais courage par les rats.

Les oisifs & paresseux par la cigalle encore.

Les opiniastres perseuerans en leur lasciueté par les veaux.

Les mocqueurs, bouffons, & flatteurs, par le singe.

Les parricides par l'hippopotame, lequel apres auoir tué son pere & sa mere, se glorifie de son orgueil & ingratitude.

Les effrontés, petulats & salles, par le bouc.

Ceux qui ayment leur geniture, par le cygne, & l'hirondelle, laquelle garde vne telle reigle pour la nourriture & esleuation de ses petits, qu'elle ne donneroit iamais à manger aux plus petits ou penultiémes, qu'au prealable elle n'eust donné au premier, & aisné, & puis consecutiuement par ordre aux autres, ayant tousiours neantmoins esgard aux plus vieux.

Les deuots enuers leurs parents par la ci-

G g g   gogne

gogne, & la huppe, oyseaux tres-bons & reco-
gnoissans : car ceux là seuls rendent graces à
leurs vieux parents du bien qu'ils ont reçeu
d'eux, & taschent de leur en rendre la pa-
reille.

Les iudicieux & prudents par le serpent.

Les larrons & voileurs par le brochet poisson, & par l'espreuier, dont à propos Ouide,

" *Nous n'aymons pas l'oyseau qui se plaist aux*
alarmes,
" *Ennemy immortel des combats & des armes.*
Ceux lesquels ne font autre chose que regim-
ber, tant par parolles qu'autrement (appellés
proprement Echo) par la mule.

Les riards, par l'oyseau que les Latins appellent Mæo, lequel imite de si prés le ris des
hommes, qu'il est fort difficile de le pouuoir
discerner. Il en fust faict vn present de deux
à Rodolphe II. Empereur, lesquels furent ap-
portés de Turquie, dont l'vn se sauua par l'in-
aduertance de ceux lesquels les auoient en
charge, & l'autre demeura dans la volliere du
iardin de sa Majesté, dans la ville de Prague.

Prouer.6.sect.
3.ité 30.sect.
25. Les sages & preuoyans par la formy, & par
l'abeille, lesquelles ont tousiours soing d'a-
masser pour l'hyuer: merueille toutesfois que
la formy recognoisse la reuolution des astres;
car cet animal se repose au croissant de la lune, & trauaille toute la nuict au plein.

Les doctes & humbles auec leur doctrine,
par les espis de fromét bien chargés de grain:
car alors semblent s'humilier par l'inclination
qu'ils font de leur teste.

Les

Les ignares & rogues par les mesmes espis,
mais vuides de grain : car ils leuent leur creste par dessus les autres, comme s'ils estoient
quelque chose de grand, outre ce ils sont encor representés par l'escume du pot, laquelle
veut tousiours nager dessus la chair, sans co-
gnoistre qu'elle ne vaut rien. Le vase vuide
ne les demonstre pas mal : car tant qu'il est de
la façon, il rend plus grand son que celuy qui
est plein.

Les simples sans malice par la colombe.

Les cauteleux & rusez par la pastenade marine, laquelle ne tasche que de perdre ceux
qui nagent autour d'elle.

Les dormars par l'herisson, & le loir, animaux lesquels durant l'hyuer dorment en telle façon, qu'à peine le feu les peut resueiller,
mesmes estant desmembré ne se peut esueil-
ler, si ce n'est qu'on le mette dans vn pot
boüillant : car à l'instant les membres descou-
pez monstrent par leur mouuement que l'a-
nimal n'estoit pas encore mort. Quant à moy
i'estime que ces animaux ont donné leur signature aux Rusciens(affin que ie laisse à part
les cigognes & hyrondelles submergées en
hyuer, lesquelles selō le rapport des pescheurs
reprennent vie au printemps) lesquels durant
la rigueur de l'hyuer, semblent estre morts
parmy les forets, & puis ressuscitent en la venuë du printemps. Les animaux lesquels de-
meurent tout l'hiuer dans leurs cauernes sans
manger, viuans de leur propre substance, nous
demonstrēt encor fort à propos ces dormards

On doit ad-
iouster foy
aux histories.

& pa

& paresseux, le mesme font les arbres, lesquels sont verdoyans tout l'hyuer, s'entretenans de leur-suc.

Les sots, paresseux & patiens neantmoins, par les asnes.

Les superbes incommodez, & contraincts de venir à la fin aux supplications, par les chiens.

Ceux lesquels sont naturellement superbes, par les cheures, cheuaux, & paons.

Les tristes & melancholiques par les hibous, & chats-huants, lesquels n'agreent rien tant parmy les ombres de la nuict, que la solitude.

Les triomphans de leurs ennemis, par les poulets, lesquels vaincus ne disent mot; ains au contraire vainqueurs ils leuent la creste, & battent l'aisle accompagnée du coquericoq, marchent d'vne grauité nompareille, laquelle tesmoigne le contentement qu'ils ont de leur victoire.

Les gens inconstants & à tous visages (comme l'on dict communement) par le cameleon, lequel prend la couleur de tout ce qui luy est opposite.

Les frauduleux, dissimulés, & hypocrites, par le Renard, par le poisson appellé poulpe, en Latin polypus, & par la seiche, laquelle ne manque point d'astuce & finesse pour tromper les autres poissons, lesquels gourmands de la chair taschent à la surprendre. Elle trompe encor les pescheurs: car à l'instant qu'elle se prend garde à ses ennemis, elle vomit son an-
chre

chre , par lequel elle noircit toute l'eau des
cnuirons , affin que par ce moyen elle puisse
eschapper & euiter l'enuie desdits ennemis.

Les legers , dispos , & agiles , par le che-
ureul.

Les affamés & rauisseurs insatiables, par le
loup , lequel ne se contente pas de manger la
chair de sa proye , ains encor deuore la laine,
le poil,& les ossements.

Ceux lesquels se vengent sur eux-mesmes
des crimes qu'ils ont commis,par le chameau,
lequel ayant recogneu qu'il a eu accointance
auec sa mere,soy-mesme desdaigneux & scan-
dalisé de son forfaict, s'arrache les genitoires
auec les dents , monstrant par cet acte l'hor-
reur qu'il a commis , & vne si lourde fauté
que celle-là.

Les ialoux & effeminés par le poulet , lequel couue les œufs apres que la poule est
morte,& les esclost (sans toutesfois en mener
aucun bruict,parce que la honte d'auoir exer-
cé vn office feminin le retient) le mesme animal est en vne perpetuelle guerre pour def-
fendre l'honneur de sa compagne.

Plusieurs mechaniques ont aussi apprins
leur estat des animaux , comme de bastir &
faire des maisons par les coquilles, limaçons,
hirondelles,& abeilles.

Les brodeurs & tapissiers ont prins le fondement de leurs estats, de la varieté des couleurs,desquelles les prairies sont enrichies au
renouueau.

Les anciens Romains apprindrent de trans-

porter les colonies par les esseins des mouf-
ches à miel, ou auettes, & des gruës, lesquelles
pour leur plus grande commodité s'en vont
aux lieux plus loingtains , comme en la Scy-
thie, & Egypte le long du Nil, affin d'y passer
l'hyuer auec moins de difficulté.

L'inuention de faire le guet le long de la
nuict a esté enseigné par les Daims, & Gruës,
la sentinelle desquelles ne permet qu'aucune
chose que ce soit approche , sans qu'elle en
donne aduis aux autres ; & de faict celle qui
est en sentinelle tient vne pierre au pied; affin
que par ce moyen le sommeil ne la puisse surprendre. Outre ce elles choisissent vn Capitaine lequel crie pendant que la troupe dort
la nuict ; quant au iour dessors que disposées
en rang, elles volent par lair , elles crient tour
à tour , contenans par ce moyen la troupe en
deuoir : toutesfois le capitaine a la charge de
les faire descendre en terre au temps deu pour
prendre leur refection : car alors il crie plus
haut que toutes les autres , que si par fortune
il ne peut crier à cause d'vn trop grãd enroüe-
ment, il luy est permis d'en commettre vne à
sa place, laquelle supplee à ce deffaut. Quelqu'vn me pourroit demander à quelle occa-
sion elles se disposent en triangle, vagant par
l'air, à quoy ie respons facilemēt , d'autant que
par ce moyen elles fendent plus librement
l'air, outre qu'elles n'endurent pas tant de trauail, parce que l'air estant fendu par la premiere, les autres s'en ressentent peu à peu, sou-
lageant leurs dernieres, lesquelles sont iuste-
ment

ment difpofées au bord des aifles des premieres,que fi par hazard le vent les trouble, elles
fe difpofent incontinent en coing , gardans le
croiflant pour le temps ferain. Mais comme
il n'y a rien au monde qui n'aye fon contraire,& aduerfaire particulier , ces oyfeaux auffi
n'en font pas exempts: car fitoft qu'ils apper-
çoiuent que l'aigle a enuie de fondre fur eux,
ils fe difpofent en rond,& en faucille,ce qu'e-
ftant apperceu par l'aigle s'en retourne n'em-
portant auec foy que la honte d'auoir efté at-
tenduë auec vne fi belle affeurance.Les Gruës
ont encore vne fort belle aftuce pour s'aydet
en volant:car celle qui eft la derniere, appuye
fon col fur le dos de fa deuanciere, & celle-cy
fur l'autre, confecutiuement iufques à la premiere,ce qu'eft caufe que fouuent elles chan-
gent de place : car fitoft que la premiere eft
laffée,elle fe met derniere , & celle qui la fui-
uoit immediatement prend fa place, ne plus
ne moins que les cerfs lors qu'ils veulent tra-
uerfer quelque grand fleuue : car le premier
eftant laffé prend la place du dernier , & font
ainfi confecutiuement tour à tour iufques à
ce quê le fleuue foit tout à faict trauerfé.

Les armeuriers ont apprins leur eftat des
coquilles,crocodilles,& tourtues.

Les medecins & Apothicaires, ont apprins
la façon des pillules des efcarbots , lefquels
marchent auec autant de pieds que l'on tient
de iours du moys. Ces animaux monftrent
accouplement de la lune & du foleil par leur
boule:car durant l'efpace de vingt-huict iours

Ggg 4 ils

ils la roulent, tournans toufiours du cofté du
leuant au couchant, lequel vingt-huictiéfine
iour arriué ils la couurent tant foit peu de
terre, iufques à ce que la lune commence à pa-
roiftre, & c'eft alors qu'ils engendrent là dedans leurs femblables.

Le ieu de la paume a efté inuenté par les
chats.

Le combat d'homme à homme, feul à feul,
a efté enfeigné des poulets, lefquels font
grandement opiniaftres & acharnés en leur
combat; c'eft auffi à eux que la nature a donné vne crefte laquelle leur fert comme d'vn
heaume, & des ergots pour efperon, heriffans
les plumes autour du col fitoft qu'ils commencent leur meflée ; celuy qui demeure
vainqueur, & maiftre du combat, fronçant le
fourcil, leue la tefte auec vne fuperbe & arrogance nompareille; & dreffant fa queuë, chante à l'inftant en figne de victoire, & de telle
façon qu'on a peine de le faire taire : l'autre
au contraire lequel a efté vaincu (comme i'ay
defià cy deuant dict) fe cache la tefte baiffée,
fans fonner mot aucunement.

La nage a efté enfeignée par les oyes, ca-
nards, & autres animaux lefquels fe nourrif-
fent fur les eaux.

Les nautonniers ont apprins leur art des
efcurieux, la queuë defquels fert comme de
gouuernail & voile.

Le filer a efté tiré de l'induftrie des vers à
foye.

La forme & vfage des chariots, a efté prins
des

des marmotes lesquelles font vn chariot, se
couchans à la renuerse, les autres la chargent
sur le ventre, la tirant par la queuë pour porter la prouision de l'hyuer dans leur cahuette,
raisõ dequoy elles ont le dos tout pelé en Au-
tóne. Le mesme fait le castor, viuant partie dedãs & partie dehors l'eau sur la terre, cet animal fait pour l'ordinaire sa case sur le bord des
riuieres, l'entrée de laquelle est disposée
en degrez, affin qu'il puisse monter & descendre à son aise, il fait le chois d'vn arbre pour
la construction de sa maison, lequel il n'a-
bandonne iamais qu'il ne l'aye mis à bas auec
ses dents, regardant neantmoins à chasque
coup de dent si l'arbre ne tombe point, de
peur qu'il ne l'accable de sa cheute : mais
estant tombé, il ne sçauroit porter le bois
qu'il en tire, s'il n'vsoit de finesse : car ayant
coupé sa charge il se met à la renuerse, ac-
commodant auec les dents sur son ventre ce
qu'il a coupé, & puis se traisne en ceste façon
& porte son fardeau dans sa tanniere, tant
pour nourrir ses petits, que pour accommoder sa loge.

Les rets & tissures ont esté prinses de l'inuention des araignes.

Retournons à nos medecins, chirurgiens
& apothicaires, lesquels tiennét des animaux,
la plus grande partie de leur secrets, & de
fait, ce sont les brutes que la nature douë d'v-
ne science naturelle pour subuenir à leurs infirmitez.

Et premierement pour tirer hors les sagettes

L'esprit animal de l'homme fut au commencement du monde enseigné par l'esprit naturel des brutes lesquelles luy sont posterieures: car l'homme a en soy tout ce que les brutes ensemble ont separément l'vn de l'autre.

gettes, dards & espines, il faut prendre la leçon des cerfs, lesquels prennét le dictamnum & le mangent, par le moyen duquel ils sont desliurez de telles incommoditez, quoy que le dard fut enuenimé.

Les cheures sauuages ont enseigné aux Chirurgiens, côme il falloit percer les apostumes, ces animaux viuent des herbes odoriferentes & principalement du Nard, & sont grandement subiets aux apostumes, lesquels venus à maturité font leur operation en ceste sorte, ils font le chois de quelque pierre bien poinctuë, contre laquelle ils se frottent auec vn tel contentément, que par la continuation de ceste friction, ils percent leur bubon, & en font sortir le jus, iusques à ce que l'ouuerture ne rend que le sang tout pur.

Le serpent nous a enseigné comme il faut guerir le mal des yeux, & de faict quel mal qui luy arriue aux yeux, il n'vse que du fenoüil, auec lequel il se guerit. Pour les playes, il vse de la serpentée ou colubrine, & de la consolide, d'où les chirurgiens & medecins ont appris l'experience.

Pour conforter la veuë, les chats vsent de la valeriane.

Les hirondelles vsent de la chelidoine ou esclaire pour la mesme maladie.

Le cheual marin nous a enseigné les scarifications & ouuertures des veines, d'autant que se sentant trop chargé de nourriture, il remarque quelque endroit, où il y aye quantité tiré de roſeaux, contre leſquels il ſe frotte iuſques à ce qu'il aye fait ſon ouuerture, laquelle il cloſt auec vn peu de bouë, ſi toſt qu'il cognoiſt auoir aſſez tiré de ſang.

Les ours ont vne autre inuention pour guerir l'hebetude des yeux : car ils ſe ſeruent de l'eſguillon des mouſches à miel pour lanceter, & par ce moyen ils ſoulagent leur mal.

Les cheures ſe ſeruent d'vn ſemblable remede pour les yeux : car ſe ſentans atteintes du mal des yeux, elles s'en vont contre vn buiſſon choiſiſſans quelque eſpine bien aiguë contre laquelle elles remüent l'œil iuſques à ce qu'elles ſentent qu'il eſt picqué, de laquelle picqueure le phlegme ſort à l'inſtant ſans aucune leſion de prunelle, & par ce moyen elles recouurent la veuë.

Les cheuaux d'Hongrie ne mettent pas tant de façon pour ſe deſcharger du ſang : car ſi toſt qu'ils ſe ſentent trop peſans ils s'ouurent la veine auec leur propre dents.

Les clyſteres ont eſté enſeignez par ceſt oyſeau d'Egypte, que les latins appellent Ibis, lequel ſe ſert de ſon bec pour ſyringue.

Le heron en fait de meſme, lequel ſe purge auec d'eau ſallée de la mer, il en remplift ſon gouſier, & par apres il met le bec dans ſon fondement, ſoufflant l'eau dedans, laquelle luy ſert de clyſtere.

D'où

D'où nous auons l'vsage des vomitifs & cathartiques.

Quant à l'vsage des vomitifs il nous a esté donné des chiens, lesquels estans malades mengent du grame, lequel a la force de les purger non seulement par vomissement, ains encor par le bas.

Le laro oyseau aquatique a vne autre methode, pour se purger : car se sentant l'estomach trop chargé il cherche quelque arbre auquel il puisse treuuer deux branches fort proches l'vne de l'autre, & puis se met au milieu des deux, & passe par force ce qui le contrainct de rendre ce qu'il a dans son estomach.

Le corbeau oyseau insatiable, lors qu'il a prins sa refection sur quelque cadaure, s'entant que les facultez digestiues n'ont pas assez de chaleur pour en faire la concoction, se va aussi presser entre deux branches d'arbre, comme le susdict, où bien entre deux pierres ou roche fenduë, & par ce moyen il fait sortir les excrements, tant par la partie interieure, que par la posterieure, desquels il ne demeure dans son corps que l'humeur alimentaire, ou pure substance, ce qui cause qu'il vist plus qu'aucun animal qui soit au monde.

Les colombes, geays, perdrix, & merles, purgent

purgent la melancholie, auec des fueilles de laurier, & autres remedes à eux cogneus.

Par les mesmes fueilles les corbeaux se guerissent du venin du cameleon.

Les bisches se purgent auec l'herbe appellée seseli, auant que faire leur petits.

Les singes nous ont donné la cognoissance du poulx : car si tost qu'ils recognoissent la mort prochaine de leurs compagnons (ce qu'ils font par leur touchement du poulx) ils le manifestent incontinent aux autres, outre ce ils le cognoissent par le souffle des narines, lesquelles font vn bruict inusité à tels animaux.

Les Iurisconsultes se ressentent encore du bien fait, & de la doctrine des animaux, d'autant qu'ils ont appris la punition de l'adultere par les cigoignes & lyons. Ie ne me contente pas du seul tesmoignage de *Guillelmus Parisiensis* en son histoire : car i'ay appris par vn homme fort digne de foy ἀψυδία, qu'vne cigoigne ayant esté conuaincuë d'adultere, par le seul odorat du masle, fut desplumée, & mise en piece proche de la ville de Spire : car le masle ayant fait vn amas d'autres cigoignes, leur reuela la faute de sa femelle, laquelle (comme i'ay dict) trouuée criminelle fut par le commun consentement des autres condamnée & desmembrée ; cela semble quasi hors de creance, si la sage antiquité ne nous fournissoit assez d'exemples suffisants pour manifester la verité d'vne chose indubitable.

Les

Les Philosophes Hermetiques & Chymiques ont appris la façon de renouueller la ieunesse des Alcyons, Aigles, escreuices, serpents, cerfs, &c. lesquels tous les ans ou du moins apres quelque temps se despoüillent de leur vieille peaú, si bien que par ce moyen ils se monstrent plus gays & ieunes qu'ils n'estoient auparauant. Il n'y a point de doubte, que cela estant donné par la sage nature, aux animaux, ne puisse estre donné aussi aux hommes & auec plus de raison, d'autant qu'il est la vraye image de Dieu.

L'Aigle ayant quitté sa vieille plume, reprend sa ieunesse, & quitte auec ses despoüilles sa pesanteur & vieillesse.

Personne n'ignore que les Serpens quittent leur vieille peau à l'arriuée du printemps.

Les cerfs se seruent des serpens pour quitter la vieillesse auec leur poil.

Ie suis bien asseuré que les hommes lesquels ont coustume de manger des serpens se maintiennent plus frais & plus sains, que les autres. Ce que nous enseignent les susdicts animaux, & autres lesquels n'ont esté nommez; car si ceste qualité leur est propre, pourquoy sera elle contraire aux hommes, si vn Cerf chargé de vieillesse se remet en adolescence par le moyen d'vn serpent qu'il deuore l'ayant attiré par son souffle & trepignement des pieds, il n'y a point de repugnance que le mesme ne puisse arriuer à l'homme, qui a toutes les qualitez en vn degré

gré encor plus noble que toutes les brutes, & de faict il s'est trouué vne grande quantité d'hommes lesquels meus par la prudence de ces animaux, ou par le desir de prolonger leur vie ont esté curieux d'espier en qu'elle façon ils se pouuoyent soulager eux mesmes, & donner remede à leurs infirmitez, remarquant le procedé des animaux, & les herbes desquelles ils se seruoient pour medicament, dequoy ils ne se font iamais repêtis, ains par l'experience qu'ils en auoyent veu l'ont manifesté aux autres, affin que chascun s'en peut seruir en sa necessité.

graffet, c'est vne espece de grenouille venimeuse, laquelle pour se renouueller deuore la belette, beaucoup tiennēt que c'est le crapaut. Mais la belette pour se renouueller attire & mange des racs.

Rogericus Bacchon racompte qu'il cherchoit vne fois vn serpent pour contenter sa curiosité en quelque recherche qu'il faisoit, l'ayant trouué qu'il le descouppa en petites pieces sur le dos (laissant le bas du ventre entier, sur lequel il se traisnoit) mais l'ayant lasché, que le serpent tascha de se traisner auec vne peine indicible iusques à ce qu'il fit rencontre d'vn certain simple, contre lequel il se frotta, & par ce moyen il guerit de ces blessures, d'où Bacchon colligea que ceste herbe deuoit estre tres-bonne pour les playes & qu'il n'y auoit point d'autre meilleure voye que celle-là, que la sagesse de ce serpent luy auoit enseigné.

Le serpent ayant perdu sa langue, laquelle on a coustume de prendre au plein de la lune, pour l'vsage de medecine, la recouure pourueu que l'ayant laissé aller il puisse rencōtrer des orties.

Pour ce qui est de nostre derniere resurrection, outre l'asseurance que nous en auons dans la saincte Escriture, les animaux nous fournissent des exemples assez suffisants pour le tesmoigner, outre lesquels la fourmy, & le

ver

Les halcyons & autres oiseaux d'Egypte qu'on appelle ibis, ont des grands secrets pour s'entretenir en ieunesse, lesquels ils ne vōt puiser ny chercher ailleurs que chés eux aux Romains &. &c. Ceste regeneration d'animaux est plustost vne trás-plantation, la racine demeurant tousiours, laquelle se faict, & ente dessus le tronc.

ver à soye, tiennent le premier rang, ie passe sous siléce l'alcyó qui se nourrit des premieres essences, renouuellant sa peau & sa plume tous les ans apres sa mort, les mousches & chauues-souris le tesmoignent aussi, lesquelles ayans demeuré tout l'hyuer, comme enseuelies semblent ressusciter au Prin temps par la faueur de la temperature de l'air.

La fourmy sage & prudente entre tous les autres animaux, a ce don de la nature, de sçauoir qu'apres son aage, elle doit arriuer en vn meilleur estat ; c'est pourquoy elle y tend de tout son courage, affin qu'apres tant de trauaux elle se puisse mettre en repos. Ce qui luy est facilement accordé par la mere nature, comme en recompense de ses labeurs passez, laquelle sur ses vieux iours luy fait present de deux aisles, & par ce moyen d'animal rempant la metamorphose en mousche volante, luy permettant de se reposer, & donner trefue à ses peines.

Nous voyons arriuer le mesme aux vers à soye lesquels esclos d'vne petite semence, sortent en vermisseaux, mais ayant acheué leur cours naturel, & pourris dans la peau de ver, la nature les faict comme ressusciter en petit papillon blanc le recompensant par ce moyen de son trauail passé. Quant à moy ie me suis estudié dans la briefueté de pouuoir manifester les secrets plus cachez de la nature, à ceux lesquels seront curieux de les sçauoir, lesquels ie supplie de bon cœur les auoir en recommandation, & à mon exemple

s'y

s'y profonder d'auantage, car ayant atteint
le but de leur intention ils en receuront vn
contentement nompareil esmerueillé des li-
beralitez de la nature ; il est bien vray qu'en
ce lieu icy ie n'ay faict que frayer le chemin,
toutesfois ç'a esté auec autât de fidelité, que
d'affection que i'ay de seruir tout le monde.
Quant aux signatures ie me contente de dire
en passant que celle de nostre premier pere
Adam se retreuue au froment, ne plus ne
moins que les mysteres de la vierge a la cou-
pe artificielle de la vigne, que l'aigle à deux
testes & autres mysteres a la racine de la feugiere coupée diuersement, que la foudre aux
racines de l'vne & l'autre victorialle cueillie
en certain temps, ie ne veux pas oublier
l'herbe appellée cruciata laquelle resiste aux
forces des armes, estant neantmoins tous signes magiques & naturels cogneus aux seuls
amateurs d'icelle, ie ne veux passer plus outre
affin que ie ne donne matiere de risée aux so-
phistes,& aux ames noires de mal penser, car
celà estant ie serois frustré de mon dessein
veu que ie n'espere ny desire que de contenter ces beaux esprits, si toutesfois ie voy que
ce petit traicté soit veu de bon œil ie tascheray d'en mettre d'autres en lumiere lesquels
pourront donner beaucoup plus de contentement & proffit, car i'espere de faire voir en
brief ce qui est de la curation magnetique,
Magique naturelle,& caractéristique.

    Secondement en quel temps & constella-

H h h   tion

tion les medicamens doyuent eſtre faias &
cueillis.

Tiercement la maniere de curer les enchantemens, & maleſices, & la cognoiſſance
d'iceux.

Quartement ſ'ενματίας la preuue de pluſieurs maladies auec la certaine cognoiſſance
& preduction de la mort, ou ſanté future des
malades.

Amy leateur c'eſtoit l'intention de noſtre
Crollius ſi Dieu ne l'euſt voulu loger en ſon
Paradis, ne voulant permettre que les hommes ſe rendiſſent orgueilleux de ceſte belle
ſcience,laquelle leur euſt faict oublier le culte & honneur qu'ils luy doyuent.

Sed ne nimium Crolli.

Car des lieux plus voiſins les cabanes fu-
  meuſes
Noirciſſent de leur fard les foreſt ombra-
  geuſes
Et jà les plus hauts monts des bergers le
  deduiat,
Nous priuants du Soleil font la court à la
  nuiat.

C'eſt donc à toy tout puiſſant auquel nous
auons l'obligation de tout ce que nous auons
peu en ceſte mortelle nauigation,veu que ce
n'a eſté que par ta faueur, nous eſtant impoſſible ſeulement de reſpirer ſans toy , c'eſt toy,
qui nous conduias au port & vray haure de
  ſalüt

falut, c'est à toy auquel en est deu l'honneur
& loüange, en fin c'est de toy que nous at-
tendons nostre derniere vie; & repos, de toy
veu que c'est de toy seul duquel la vraye &
celeste lumiere procede, c'est à toy qui és
assis sur le throsne diuin auec l'Agneau sans
maculé duquel la misericorde est incomprehensible; à toy donc soit loüange, à toy l'a-
ction de graces & benediction, te suppliant
par ta bôté & charité ineffable que tous ceux
lesquels tascheront de prendre vne nouuelle
façon de viure par vne continuelle mortifi-
cation, ou pleniere abnegation d'eux mesmes;
ambrassant de cœur & d'affection la saincte
voye de tes commandemens, & taschans de
s'acquiter de leur deuoir enuers le prochain
par la faueur de ta tres-saincte grace (si toutesfois on la peut meriter en ce miserable
sejour) puissent iouïr du fruict de leur la-
beur, en la compagnie des bien-heureux auec
lesquels tu vis au siecle des siecles, Amen.

Eccles. 12.
sect. 13.

Act. 10. sect. 14.
Ezech. 18.
despuis la se-
ction 5. ius-
ques à la 10.

Mich. 6. sect. 8
Hiob. 1. sect. 1.
Zach 8. sect.
16. 17.
Sirac. 2. sect.
17. chap. 10.
sect. 15.

COROLLAIRE.

LEs anciens Philosophes, que nous appel-
lions Sages, ayans treuué quelques secrets
desquels la cognoissance estoit assez difficille
& obscure, quoy que les effects en fussent admirables, taschoyent de les obscurcir par le
moyen des caracteres, & c'estoit affin qu'ils
ne vinssent à la cognoissance des ames deses-

Voy la mona-
de ou vnité
hieroglifique
de Ioannes
Dee de Lon-
dres.

perées;

perées ; A ces sages Philosophes se sont voulu mouler les hermetiques, lesquels n'ont
apertement d'escrit les planettes terrestres,
ains les ont signifiées par certains caracteres
desquels ils donnoyent apres la cognoissance
à leurs enfans, les rendans seuls capables d'en
recognoistre les vertus & proprietez, toutesfois pour retirer ces signes & caracteres des
tenebres de l'ignorance, ie les ay mis icy
auec le reste des mineraux, en faueur de ceux
lesquels vrays amateurs de la science Chymique tascheront d'en distribuer le contentement & proffit à leur prochain pour l'honneur de celuy duquel i'en tiens la cognoissance qui est immortel, impassible, incomprehensible, & iuge de nos actions tant bonnes que
mauuaises.

En fin c'est celuy là qui de son trosne sainct
Peut lire dans nos cœurs & le vray & le feint.

Notes ou caracteres des metaux.

Saturne	Plomb		Samedy
Iupiter	Estain		Ieudy
Mars	Fer		Mardy
Soleil	Or		Dimanche
Venus	Cuiure		Vendredy
Lune	Argent		Lundy
Mercure	Argent-vif.		Mercredy

Notes

Notes des mineraux & autres choses chymiques.

Antimoine	
Arſenic	
Orpiment	
Alun	
Aurichalchum	
Atramentum	
Vinaigre	
Vinaigre diſtillé	
Amalgame	
Eau de vie	
Eau fort ou eau ſepa-rautice.	
Eau royalle ou Stigia.	
Alembis	
Borax	
Crocus martis	
Cinabre viſſus	
Cire	

Hh h 3   Crocus

Crocus veneris ou
Airain bruflé
Cendres
Cendres clauellees

Chaux

Chef-mort ou maffe
   morte
Gomme

Brique criblée ou farine
   de tuiles
Lutum fapientiæ

Marçafita
Mercure fublimé

Mercure de Saturne

Bain Mariæ
Aymant
Huille

Realgar
Purifier
Sel petre
Sel commun

Sel armoniac

Sel Alkali
Soulphre

Sel

Sel gemmé.

Soulphre des philosophes

Soulphre noir.

Sauon.

Esprit.

Esprit de vin.

Sublimer.

Stratum super stratum.

Tartre.

Tutie.

Talcum.

Tuille tigillum.

Vitriol.

Verre.

Vrine.

Notes des quatre elements, du iour & de la nuict.

Du feu.
De l'air.
De l'eau.
De la terre.
Du iour.
De la nuict.

Hhh 4   DEVX

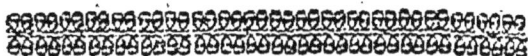

DEVX
TABLES
POVR LE LIVRE
DES SIGNATVRES.

La premiere demonstre toute l'œuure par
ordre, selon qu'elle est dans
le liure.

Du

Les ſignatures des maladies.

De

Les

*Les medicaments lesquels seruent à cau-
se de leur propre signature.*

Les

F I N.

SECOND INDICE

DES MATIERES PRINCI-
PALES, CONTENVES AV
liure des Signatures, par ordre
Alphabetique.

A.

Amis

TABLE   91

B

C.

Coq

D

　　　Descespe

les

F

G

H

I

L

Meur

les

P

Paris,

Pierre

Kkk

TABLE.

Satyrion

T

Ton

V

Y

L ES Yeux, & leurs ſignatures.

F I N.

Pagination incorrecte — date incorrecte

NF Z 43-120-12

www.ingramcontent.com/pod-product-compliance
Lightning Source LLC
Chambersburg PA
CBHW071906200326
41519CB00016B/4521